懂用人，當主管心不累

人資長教你帶出好員工的40個實戰QA

林娟

推／薦／序

只要人對了，世界就對了

黃錦祿
前鼎新電腦／鼎捷軟件 執行董事

科技改變生活，也促動市場及消費行為的轉變，企業為了追求成長，經營者無不使出洪荒之力，只為了讓企業能夠永續經營。日復一日的忙碌與折騰下，體力終究有其極限，每位CEO期望有一帖萬靈丹，讓自己有喘息的空間，輕鬆的做好管理，一連串的CEO管理論點隨之而起，有的論點提醒經營者，要做好時間的管理，只把精力專注在重要的事情；有的則提出，對組織要充分的授權賦能，只有充份授權，才能讓經營者變成三頭六臂，唯有如此，才能應付詭譎多變的經營環境。

記得多年前，某周末假日仍忙於公事，小孩在家吵鬧，為了讓他們安靜下來，好讓我可以安心工作，順手拿起一頁報紙，這頁報紙上剛好有半版的廣告，這半頁廣告上印的是一張世界地圖，於是我靈機一動，我把報紙撕碎，同時把小孩子叫過來，和他們打個睹，如果他們能夠把這張地圖拼湊完成，我就帶他們出去吃漢堡、冰淇淋。我心想這樣至少有3個小時以上的安靜時刻，可以好好處理我的公事。

結果令我十分訝異，在不到30分鐘時間內，小孩們就把地圖拼好，吵著要領賞，我用驚訝的眼光問他們：「你們時間這麼短就拼完，是怎麼辦到的？」他們靦腆的相視而笑，最後姐姐說了：「本來我們看著地圖拼，可是怎麼拼也拼不起來，弟弟還跑去把房間的地球儀拿出來比對。後來都是因為一陣風，吹翻了一些碎片，無意間，我們發現地圖的背面是一個人的照片，我們拼不起一張世界地圖，但是我們拼的出來一個人，所以，只要把人拼對了，世界就對了。」

是啊！「只要人對了，世界就對了」，企業的經營又何嘗不是如此！

日前偷得浮生半日閒，恰巧手邊有本余秋雨的散文集，信手翻閱，有一篇論及古代的科舉制度對中華文化的影響，閱後感觸非常深刻。雖然科舉制度早已淹沒在歷史的洪流中，但回想起來，科舉制度能夠在中國歷史綿延數千年而不墜，並且產生了社會文化上的重大影響，其間雖然問題、弊端不少，但問其目的，簡單說就是為國舉才，為君王治國，建立起一個可長可久的文官體系，讓人才可以源源不斷的為國所用。

用現在企業管理的名詞，就是透過制度化的選才、用才方式，來建立國家需要的人才庫。否則，若大的疆域、煩雜的政務，如果全憑君主一人親力親為，那麼國家的衰敗，也是不言可喻。歷史告訴我們，人才的多寡，是國家興衰的根源。企業王國的經營，也是同樣的道理，人才的強弱是企業永續經營的根本，是CEO工作中的重中之重。

識人、善任，經營者都知道很重要，也是畢生修煉的功課。但如果經營者能夠把直覺經驗進一步擴大，轉換成科學化方法、制度與流程，有系統的督促好公司的人力資源管理，舉凡從選才、育才、用才、留才，企業經營效率一定可以大幅提昇，CEO也必定能從經營煩擾的夢魘，舒緩過來。

本書的作者林娟老師，在人力資源管理領域，理論基礎十分深厚，也曾在許多跨國企業中擔任過人資長、企業顧問…等，實務經驗豐富。這次她願意將過去二十年以上在人資的實務管理經驗，結合理論，用十分淺顯易懂的方式，出版成冊，實在是讀者之福。

此書不僅可以讓CEO跟主管在很短的時間，對人力資源管理有通盤性的理解，對企業的人資主管，亦或是從事人資相關工作人員，也是一個規劃與實作，不可多得的參考書籍。

推／薦／序

結合實務與理論的人力資源管理專書

紀乃文
國立中山大學人力資源管理研究所，特聘教授兼所長

認識林娟學姐也已經七個年頭，這些日子以來不管是公開的演講，或是邀請林娟學姐回學校分享，都有非常多機會聆聽她深入淺出、有趣生動、但又充滿實戰經驗的人力資源實務分享。有一次還開玩笑跟她說，妳一身人資深厚的武功，實在應該出本書把這些心法跟大家分享，特別是給企業界的主管！

沒想到她真的將多年來人資領域累積的實務心得跟學理集結成書，打算寫給企業的CEO或主管閱讀，並邀請我寫序，我欣然應允，也透過閱讀此書的過程中學習許多。

在人力資源管理的領域教導人資功能的課程已經是第10年，而擔任主管職務的時間已經是第4年。從人資教育者跟主管的角色來看，林娟學姐的這本書有以下幾個優點。

第一，深入淺出地説明學理。有別於一般實務人士的分享會較偏向個人主觀經驗，林娟學姐的這本書則以嚴謹的人力資源管理學理出發（如：何謂職能模式？如何使用？如何跟面談結合？），但用非常淺顯易懂的字句與實例，讓初學者也可以很容易理解學理上的概念為何，而不致於因學術用字而感到艱澀難懂。

第二，學理結合豐富實務經驗。一般坊間的人力資源管理教科書，譯者或作者不一定具有深厚的人資實戰功力，故在教科書中的案例或解釋總覺得與企業真實狀況相去甚遠。林娟學姐本身有多年企業人資長經驗，擔任過 full function HR，故在每一個章節的學理概念中，都會結合其他知名企業（如：google）及她自己過去推動人資制度的心法（例如：如何進行培訓更能提升學員動機與成效？），讓讀者都能很明確的理解在企業上如何落實 HR 各個功能。

第三，新進人資概念及相關勞動法規介紹。林娟學姐亦在書中介紹一些最新的人資概念（如 OKR 的內涵，與導入需注意的關鍵因素），讓讀者不必另外購買專門的書籍，也可以很快地吸收嶄新的人資做法。另外，在每個章節的重要的段落中，會貼心補充主管或人資人員皆須要注意的勞動法規（如：資遣費的發放、不適任員工如何依法處理等），讓讀者不致於顧此失彼，忽略掉最重要的資訊。

第四，企業想要把 HR 做好，CEO 與主管得先改變自己的 mindset。踏進人資領域十多個年頭，許多輔導或診斷過的案例都告訴我們，有時不是公司的人資人員不做事，而是缺乏CEO或公司主管的支持，導致許多立意良善的人資做法無法落實、又或是難以讓CEO或主管清楚理解人資制度能對他們帶來的價值與好處。期待透過本書，都能讓企業的CEO與主管都能更清楚知道HR的獨特價值、以及應如何支持HR的運作、並且向上提升。

綜合上述，不論是目前HR從業人員、甚至未來有志HR工作的同學們，本書都是一本深入淺出、學理實務兼具，且作者不吝藏私、大方分享人資心法的好書。相信是一帖能引領你／妳解決人資疑難雜症的良方。

推／薦／序

想當好CEO與主管，一定要懂的人資技巧

朱建平
前雲朗集團人資總監、八方整合社企創辦人、連續三年獲得國家人才發展獎

本書作者林娟，是我在中山人管所的同班同學，也曾是104人力銀行同單位的前後期同事，更是後來在HR角色的職涯發展歷程中，一路上彼此陪伴的良師益友！雙方的關係與交情，掐指一算，至今也將近二十年了。很開心也很榮幸能為我心目中的典範同學推薦這本好書。

過去自己在擔任HR工作二十五年的資歷中，從中小企業的人資部門基層，做到集團的人資總監，期間歷經了招募、訓練、薪酬福利及員工關係等各種不同人資重要功能，其中更有十年左右轉任外部顧問角色協助企業老闆及用人主管選才與用才，唯一的心得體會是：「企業組織真正的人資主管，其實是CEO及用人單位主管，而人資部門的存在，只是為了協助CEO及用人單位主管能運用專業的人資工具與方法，讓人

才的潛力得到充分發揮。」

在拜讀完本書後，打從內心深處佩服作者的深厚功力，每一章節針對人資的專業功能，以非常實務且淺顯易懂的文字，讓即便不懂人資的新手主管，能夠快速地對該主題有概括性了解，更可以直接按照書中的方法、步驟與案例，具體操作，感覺作者就在一旁以個別顧問指導的方式，引導您實際操作。

去年初離開集團人資總監的角色，創業當老闆，本來也有打算在兩年內出一本人資專業的書。看完同學的書後已打消此念頭，暗自決定，之後若有幫其他企業安排主管培訓時，定將此書作為授課指定教材與課後複習之用。

最後，真心建議想扮演好 CEO、主管及人資的讀者，您手上絕不能沒有此書！

自／序

人力資源是CEO、主管的第一工程

林娟
兩岸人資專家，企管博士

外商企業CEO兩隻手，一隻手是財務，另一隻手是人資。反觀台商企業CEO兩隻手，一隻手是銷售，另一隻手可能是財務，也可能是研發或者製造。

當企業在初期創業階段，為了求生存，把時間關注在銷售，無可厚非。當企業進入發展階段時，CEO就發現到，沒有好的經營團隊與優秀人才，即使有好的利基市場，企業也無法做大做強。找對人才，用對人才，把人放對位子，遠比任何事都重要。

企業是否能成功，依靠正確策略方向與組織競爭力，組織競爭力，則來自員工思維、員工能力與員工治理，這是楊國安教授所提出的組織競爭力金三角，企業能否決勝千里，依靠就是人才。正所謂「基業長青，文化先行；策略落地，人才先行；致勝未來，組織先行。」

身為HR的正規軍，從事人資領域的工作超過20年以上，遊走兩岸，擔任過兩岸企業人資長、人資顧問與資深講師，看過為數不少台灣與大陸各大小企業，一路走來，看到很多企業 CEO 跟主管，面臨人才管理與勞資問題，總感到些許無奈，因為處理不當，或者沒有及時處理，造成勞資雙方的誤解。組織與人才發展也因為沒有系統化與體系化培訓，缺乏前瞻性整體運作，面臨二代接班或者內部人才斷層與流失，導致企業發展受限，這些問題，都是可以事先預防，而非等到發生之後，才開始尋求解決之道。

同時，我也因為工作關係，見識到大陸企業的人力資源管理從原有的薄弱管理基礎，到現在人力資源策略與組織策略深化連結，帶動組織發展，躍升成為全球性企業。Geogle、Nexflix，對於人才關鍵思維與作法，提倡給員工自由，他們會給您驚喜，給員工信任，他們會超出預期，邁向自由與責任的文化，令人心生嚮往，這些都不禁讓人思考，難道這些做法，在台灣企業無法被實現？

本書的定位就是以解決問題為導向，提供 CEO 與主管對人力資源的選育用留，具有全面性觀念以及具體可操作與執行方法，結合案例與實務經驗，讓理論與實務相結合。

我始終深信「把時間花在哪裡，成就就會在哪裡，就如同把時間花在人才，人才就會留在哪裡。」如果本書能夠喚起 CEO 與主管對人力資源有正確的認識，帶頭重視人力資源管理，從原本把人當成本，轉變為把人當資本，思維正確，行為自然就會開始改變，這是員工的福氣，而台灣企業的未來發展將不可限量，這是我的初心。

期許自己與所有ＨＲ朋友，以高度、廣度、深度與溫度四度空間，站在ＣＥＯ高度，思考組織發展的未來，擴展產銷人發財的管理廣度，強化自己每一項人資的專業深度，心中保有把員工放在心上的溫度，運用數據說話，提出相關專業建議，持續不斷地提升ＨＲ價值，只有為經營做服務，ＨＲ價值才會被看見。

目錄

第一章　如何找到適合公司團隊的好人才？

第二章　如何培養出優秀的好員工？

第三章　如何為員工設定有效的績效目標？

第四章 如何管理問題員工？

第五章 如何留住優秀員工？

第一章

如何找到適合公司團隊的好人才？

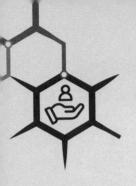

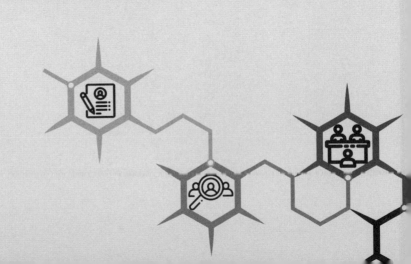

1-1 主管如何才能看人不走眼？

身為主管，在面試時，一定常會遇到求職者在面試講得頭頭是道，但實際入職後，卻發現與面試時有極大的落差。類似這樣的情況，層出不窮，一直都是主管心中的痛。

為什麼會遇到這樣的情況？原因可能是主管遇到「面霸」，意謂人們在某些事情經過刻意練習，就能精通，而主管選才時，很容易遇到精通面試的高手。

就好像一位病人，久病成良醫，當一位病人看醫生看久了，常常在旁邊聽到醫生談論病情，耳濡目染，自然而然，對於基本醫學知識，略知一二，再加上Google大神，更容易將不懂的知識，上網快速尋找答案，自然就可以說出一些簡單的大道理。

其實面試也是一樣，如果求職者到每家公司面試，面試官都會詢問類似面試問題，熟能生巧，對於只要認真且有意願努力爭取工作機會的求職者，就慢慢學會怎麼回答這些問題，錄取機會相對比較高。即使面試前期準備工作再辛苦，求職者肯定也會加緊努力練習。萬一第一家公司面試失敗，反覆熟練後，其他公司還有面試機會。

網路上常會有網友們提供企業常見十大面試題庫，例如：您為何選擇我們公司？您的優點與缺點為何？為何會離開前公司？未來的生涯規劃為何？您期望的薪資待遇？網路上甚至有網友分享面試官最想聽到求職者面試最佳答案！

當面試官都是詢問類似的問題時，求職者在面試時，只要事前多準備，多加練習，現場依樣畫葫蘆，勢必可以獲得面試官青睞。甚至有些求職者，還會進行沙盤推演，事先模擬面試官問題，回答面試官喜歡聽的答案，如此一來，肯定能夠提高錄取的機會。

對主管來說，現在我們要的是如何找到公司適合的人，避免選到面試時對答如流，實際工作卻無法上手的人。

☑ 設計面試問題，必須與職務能力相關

降低面試看走眼的方式，最重要是依照職務能力，設計最相關的面試問題，避免前述那些千篇一律的面試問題。

以銷售人員來說，主動積極，是主管最喜歡銷售同仁的特質。那麼主管在面試時，就可以詢問求職者：「當您在拜訪客戶時，遭受到客戶拒絕，您通常會如何處理？過去有類似的工作經驗嗎？當時做了哪些事？結果如何？」

如果求職者回答：「做業務被客戶拒絕，本來就是天經地義，但我還是會三不五時，就跟客戶聯絡，過年過節時，發封問候信，主動跟客戶保持聯繫，透過不間斷地連絡，客戶最終被我的誠意感動，最後不僅業績成交，而且我們還成為很好的朋友。」

從求職者的回答，就可以了解這位求職者具有主管想要的主動積極的特質，除此之外，在他的回答裡看到在銷售技巧的掌握與客戶關係維護方面，都是適合從事業務工作的特質。

☑找對人才的冰山模型，關注冰山之下

冰山模型是由史賓森（Spencer & Spencer）博士於1993年發表，將職能以冰山模型作為譬喻，又稱為「職能冰山理論」。

冰山上是容易看出的外顯資訊，包含知識與技能：

- **知識是一個人在某些特定領域的專業知識。**
- **技能是對某一特定領域所需要技術與知識掌握情況。**

例如求職者的求學經歷？曾經在哪些公司任職？時間多久？曾經擔任哪些工作職務？曾經做過哪些工作內容？擁有那些專業證照？曾經上過那些培訓課程？這些都是求職者履歷可以輕易看到外顯資訊。

但冰山下指的是動機、特質、自我概念等內在隱藏的資訊：

- **動機所指的是對某件事的持續渴望並付諸行動的念頭。**
- **特質指的是個性特徵、對環境和各種資訊所表現出來的持續反應。**
- **自我概念則是關於一個人的態度、價值觀與自我印象。**

冰山之下是動機、特質與自我概念，冰山之上是知識與技能，知識與技能容易了解與評估，冰山之下的動機，特質與自我概念則比較難以瞭解與評估。

自我概念、特質、動機，可以預測個人在長期無人監督下的工作反應，冰山之下的重要性大約佔比為70%。

大陸知名電商阿里巴巴公司，就自創北斗七星選才法，運用冰山模型，找到適合公司的銷售人才。

有些特質是天生的，不容易改變。有些則是家庭因素經過長時間所造成的，也難以改變。但這些卻是影響工作績效的重要因素。當我們在面試時，看到求職者的履歷．求職者過去的工作經歷、學歷，以及曾經做過的工作內容，這些都是冰山之上外顯資訊。

真正我們需要關心的是隱藏在冰山之下，求職者為何有興趣做這份工作？求職者具備什麼特質？是否適合這份工作？工作價值觀與態度為何？

☑從三種職能看出一個可造之才

簡單來說，職能就是職務所需要的能力。通常職能共分為三種：

- **核心職能**

核心職能就是公司DNA，也就是所有員工都需要具備的特質。

- **管理職能**

管理職能則是現在或未來身為管理者所需要的能力。一般來說分為基層主管、中層主管與高層主管，不同階層的主管，需要具備不同程度的管理能力。

- **專業職能**

專業職能則是從事各項工作所需要的能力。

其中核心職能，最難在面試看出，但又最需要設計相關問題進行辨識。舉例來說，每家公司都有經營理念與核心價值觀，最常見的就是誠信正直、追求卓越、創新求變等，可以說是每家公司的DNA，但我們如何透過具體的行為來看出這家公司價值觀呢？

以「誠信正直」為例，意謂著該公司不管對合作夥伴、對公司同仁時，都應該秉持對事、對人都抱持誠信正直為中心，例如：不做違法的事，不因為成本使用劣質產品而違反消費者權益。

「追求卓越」則代表做事的標準，不只是做對，更需要精益求精，一次比一次更好。

「創新求變」，則希望從無到有，或者改變新的作法、新的元素。因為運用相同的方法，是不可能創造不同的未來．如果我們需要員工有源源不絕的創意，就應該鼓勵員工隨時提出新的做法，允許員工有犯錯的環境等。

以「創新求變」為例，針對現有工作找出不同的做事方法，主動提出新的建議或想法，並落實於工作中。具體的關鍵行為總共有四項：

1. 挑戰現有標準，辨識新的機會或模式。

2. 主動提出新的意見或想法。

3. 結合不同來源的觀點產生新的點子或想法。

4. 將新的意見或想法落實於工作中。

☑ 觀其言，察其行，而非聽標準答案

上述這些核心職能，我們就可以透過設計各種職務面臨的問題，從求職者如何解決問題的回答過程中，看出求職者的行動方式與思考模式，嘗試挖掘冰山下的特質，確認這

位求職者是否和公司有相同的DNA。

面試問題設計範例可以運用美商宏智（DDI）公司提出的行為面試STAR模型：

- **Situation（情境）**
- **Task（任務）**
- **Action（行動）**
- **Result（結果）**

進行面試問題設計，舉例來說，談談過去您曾針對工作主動提出的新流程或方法。您是如何產生這些新的想法？您如何應用在工作中？成效如何？

當然，主管也需要明確地知道自己需要什麼特質、什麼能力的人。

當公司對於所需要人才的職務能力愈清晰，在面試時，面試官只要針對這幾點進行面試問題設計，透過面試提問，了解求職者想法，從過去曾經做過的行為事例、發生頻率判斷，相信必定會降低看人看走眼的機率。

1-2 選錯人才成本，比你想得要多

台灣企業主或者主管有一個現象，常常找不到人才時，大多是以急就章態度，先錄取、先報到的方式處理。想說如果人才表現不如預期，觀察三個月，如果不適用，再來處理。

到底這樣的做法，是幫公司節省到成本？還是反而花更多隱性成本呢？

這些現象的背後原因，其實是平時部門就沒有儲備人才的觀念，於是當有人離職時，只好趕快遞補新人。

這其實是因為同仁之間對於彼此工作也不太了解，一旦人才要離職，沒有其他同仁可以承接工作，就算基於同事情誼，大家短時間相互支援，一旦延長時間，員工抱怨聲浪就會不絕於耳。為了避免工作有所遺漏，造成現職同仁的工作負擔，多數主管偏向的做法，就是用快速補齊人才缺口的方式因應。

如果遇到棘手不易溝通的人才，容易引起勞資爭議，最後出現「請神容易送神難」的窘境。

我們以為選錯人才，頂多只是多支付薪資成本而已，但實際上，找錯人才所付出的成本，比想像中還要多。

表面上看起來，快速找一個人進來遞補，省錢與省事，實際上要付出更高的成本。這些成本分為有形成本與無形成本：

- **有形成本：**
  - 招募成本
  - 招募面談成本
  - 薪資福利成本
  - 資遣成本
  - 訓練成本
  - 行政支出成本
- **無形成本：**
  - 機會損失成本
  - 工作氣氛成本

・士氣影響成本

主管想要找人時，可能不一定考慮到公司需要付出的額外成本，讓我一一為大家解說。

☑招募成本

包含招募平台使用費、校園招募攤位費用、文宣資料與贈品費用等。台灣網路平台招募費用，大多採取每月收費或簽年約方式處理，大陸則是收取網路平台基本服務費之外，還需要按照企業使用人才履歷數量支付費用，根據企業需求量不同，提供不同的價格。

過去曾任職在大陸公司，當年公司有大量人才招募需求，當時一次購買1000份履歷，每份約為15元人民幣，折合新台幣每份約為60～70元，大陸招募服務平台收費方式是使用者付費，正因為不是免費下載履歷，企業更會珍惜，一旦下載使用，通常會存放在公司人才資料庫，日後如有需要可以重複使用，活用人才資料庫，相較之下，台灣招募成本遠比大陸低廉許多。

校園攤位費用，則與公司是否每年定期參加大型校園招募活動有關，招募場地大多選在各大高校，由於參展企業數量較多，企業如想要吸引校園畢業生的目光，就必須在攤位外觀設計與宣傳資料多花點心思，填寫履歷贈送的贈品也要能成功引起學生的注意，才能提高履歷回收數量。

過去，我曾服務的公司，我們為了提高履歷數量，採用「填一份履歷，送一罐可口可樂」方式，鼓勵同學填寫履歷，由於提供獎品立即可以食用，當天氣炎熱時，特別容易吸引校園內學生，學生之間還爭相走告，相互揪團，一起來填寫履歷，成本雖然比往年高，但當年所收到的履歷數量創歷史新高，成效顯著。

☑ 招募面談成本

招募成本的計算，大約採用：

（面試主管薪資成本＋複試主管薪資成本＋人資招募同仁薪資成本）×面談時數×面談求職者人數

按照公式，約略可以估算每招募一個職缺，公司預估支付的面談成本。當面試次數愈多，面試層級愈高，總體面談成本愈高。

企業如果精算招募成本，就會發現原來招募面談的成本是如此驚人。

☑ 薪資福利成本

新人入職天數的薪資費用以及法定福利費用。計算公式通常就是按照員工入職天數支付薪資，以及依法投保勞保、健保與提撥6％勞工退休基金。

☑ 資遣成本

依勞基法第十七條規定，工作未滿一年，按工作天數計算資遣費。第十六條規定，連續工作三個月以上未滿一年的，提供10天預告工資。未滿三個月，則不需要提供預告工資。

部分企業或者主管，誤認員工入職未滿三個月，工作時間較短，不需要支付資遣費，這是不正確的觀念。甚至如果公司有使用PT（Part time）兼職人力，如果三個月內不適任，依法也需要支付資遣費。

☑ 訓練成本

泛指新人入職時，主管、導師（Mentor）工作教導的時間成本以及人資單位安排新人教育訓練費用等。

部分企業在員工入職時，提供新人三個月學習地圖，詳細記載課程名稱、時數、預計完成時間以及負責教授的老師，根據學習地圖的課程時數乘以主管或者同仁平均薪資，作為估算新人訓練成本。

☑行政支出成本

新人入職相關文具用品與行政費用支出等。

☑機會損失成本

除了以上幾項成本之外，最容易讓人忽略的成本是放棄當時沒有錄取的人才，可能轉到競爭對手任職，所造成機會損失成本。

☑工作氣氛與士氣影響

新入職員工如果經常異動，員工心中肯定會有些疑惑，是不是我們公司或者主管管理出現哪些問題，導致新人無法留任，對於部門工作氣氛肯定會產生影響，進而影響員工的士氣。

綜上所述，前者是有形成本，後兩者屬於無形成本，林林總總，相加起來的成本，大約是一位人才的薪資成本的 0.5～0.7 倍。

因此，一位人才預估薪資成本，大約是 1.5～1.7 倍進行估算。

Google 兩位創辦人，深知這個道理，在選、育、用、留四個方面，他們最重視就是「選才」。道理很簡單，寧願花更多的時間，謹慎選擇適合人才，設計高標準人才規格，進行人才篩選。即使人才有缺口，也不願降低標準。不要等到員工不適任，再請員工離開。因為對的人才，自我驅動力強，不需要被動等公司安排培訓，自己就是內燃機，想要學習，就會自己找資源學習，遇到對公司政策不理解，也會主動詢問。

聰明企業主與主管，選才錯誤所造成成本，真的比您想像的更多，為了避免因為選才錯誤所付出的高成本代價，**寧願花更充裕的時間，謹慎挑選適合公司人才，把人才當成真正的人才對待，才是正確之道。**

1-3

找人才到底是誰的工作？

我常常在演講場合，遇到企業主或者主管詢問，找人才到底是誰的工作？

無庸置疑，我相信每家公司CEO，或者每位主管一定會異口同聲地說：「公司如果有設置人資部門，肯定是人資部門的工作。」但實際上，**應該是人資部門與用人單位部門的共同工作，甚至我認為應該是CEO最重要的工作之一。**

這時大家就一定會大聲反彈，如果是主管、老闆的工作，那人力資源部門是否有存在意義？

業界的普遍標準，一家公司人資部門的配置比例，大約100位員工配置一位HR，有些公司甚至是150位到200位員工，才會配置一位人資同仁，有些公司的人力資源部門，還需要負責公司行政總務的工作。長期來說，人力資源部門，並不被企業重視，大家對於人力資源可以協助公司或者主管做哪些事，也不一定有正確認知。

在人力有限，工作項目眾多且繁雜的情況下，人資單位如果還要負責各部門找人才的工作，實在分身乏術。

☑ 人資部門在選才時需要做什麼？

甄選與任用，也就是大家常常聽到的人才招募工作，人資部門主要的工作是負責：

- **招募整體規劃**
- **人才管道的開發**
- **制訂公司用人標準**
- **招募面試問題設計**
- **面試流程控制**
- **人才資歷審查（Reference check）**
- **人員報到**

每一個環節，環環相扣，所有的工作，就是為了確保找到認同公司價值觀的人才。

☑用人單位的主管、老闆可以做什麼？

用人單位的每一個職務專業都不相同，人資從業人員很難判斷求職者的專業能力，是否符合用人單位需求，人才經過甄選任用進入部門後，是否能夠發揮能力，創造績效？過程之中，主管扮演最關鍵的角色，員工績效就是主管績效，員工績效做的好，也代表主管的績效做得好。

因此人才招募工作需要分工，用人單位把關人才的專業與能力，單位主管才能判斷人才是否符合任職資格，人資部門最重要的工作則是確保求職者是否具備公司價值觀或者稱為基因（DNA）。

《Google 超級用人學》一書中，兩位創辦人在 Google 創立初期時，所有員工一律都必須經由兩位創辦人面試通過後，才能入職。為何兩位創辦人願意花自己的寶貴時間，進行人才面試工作？其原因就是找到對的人才，且符合公司核心價值觀的人，是他們認為最重要的工作，只有一開始找到正確適合的人才，才能夠避免花費更多不必要的成本，處理不適合的人才。

☑ 找人才，就是主管最重要緊急的任務

當公司職務空缺時，代表某部門有人離職，也可能是公司新增業務或者產品，需要增補人才。

前者來說，原本部門內部工作就是一個蘿蔔一個坑，當同仁有異動之心，通常去意甚堅，下一家任職公司基本確定，如果不及時趕快找到適合的人才，快速入職，工作可能存在交接斷層問題。預計離職同仁的工作量，也可能變成其他同事的工作，造成同仁工作的負擔。

在職同仁除了自身工作負荷量超載情況之下，還要額外承擔其他同仁的工作，在人員尚未到職，人力吃緊情況，勢必讓分擔工作的同仁，心中感到不滿，進而影響其績效。

因此，主管應該把這件事當作重要且緊急的事件，把找人才這件事，列為重中之重，優先處理。如果只依賴人資部門提供履歷，尋找適合人才，在人資部門同時承擔全公司的人才招募工作時，勢必會拖延到進度。

☑ 找人才應該是持續進行的工作

找人才，並非只有在職務空缺時，才開始尋找人才，而是隨時隨地都要有找人才的習慣，累積公司人才庫，以因應不時之需。

主管平日參加外部演講、專業論壇、研討會或者校友會等活動，藉由交換名片，蒐集相關資料，比較容易找到某些專業人才，同時也要記得跟台上演講者進行名片交換，或者加入演講者粉絲專頁或FB、IG等社交網路媒體。道理很簡單，每一位專業領域的人才，周圍朋友圈肯定圍繞相關專業人才。

某家知名餐廳CEO，也曾提到相關做法，餐廳需要的是現場服務人才，受限於以往工作習慣，通常比較少自動投遞履歷，除了人才自身的習慣之外，礙於公司知名度，可能主動投履歷的人，不一定多。與其在家坐等履歷，還不如主動出擊，這時利用機會常常到各家餐廳進行考察或者用餐，一方面藉機學習其他同行的作法，同時兼具尋找適合人才的任務，透過實體觀察與互動，大大提高找到適合人才機率。

人才無所不在，只要願意睜開雙眼，抱持有獵取人才的心，您會發現處處都有人才，所以要找到適合人才，絕對不單單只是從到公司面試的人才尋找。

1-4 找人才，哪一種管道最有效？

我們公司在台灣各知名求才網站刊登人才職缺，卻沒有收到多少份合格的人才履歷？有些主動投履歷的人才，根本與我們所刊登人才資歷相差甚遠，到底問題是出在哪裡？

招募管道除了就業市場常見幾家數字人力銀行之外，尚有獵才招募、校園招募、軍中招募、研發替代役、建教合作、內部人才推薦、學校就業輔導中心、校園博覽會、外勞人力仲介公司等，其實有多元求才管道。

其中最符合經濟效益的是內部人才招募，不管是從學術研究結果角度，還是企業實務的工作經驗，都一致地認為這是最有效的方式。

不過每一種不同的招募管道，將會招募到不同類型的人才，下面針對幾種台灣常見人才招募管道，進行分析。

☑ 人力銀行

台灣企業最常使用的數字人力銀行，是通用型人才競技場。如果企業需要的人才，是介於1年以上～5年以下工作經驗左右的人才，只要設定關鍵字，主動搜尋人才資料庫，就可以搜尋到不錯的人才。

但如果要尋找超過五年以上產業優秀人才，通常成效比較不佳，原因是資深有能力的人才，通常不太需要刊登履歷，就會有人挖角，根本不需要到通用型人才競技場與他人競爭。

☑ 獵才招募

獵才招募，主要是針對具有多年產業經驗專業與管理人才，或者是就業市場相對稀缺人才，依照人才的經驗與承擔工作內容，收取不同費用標準，收費標準大約是年薪20%-30%。具體服務金額，根據實際情況調整。

在多項招募管道當中，獵才招募，總體招募費用最高。

如果人才在三個月內不適應或者不符合公司原先期待，大多數的獵才服務公司還會提供一次免費遞補人才的服務。

當公司所需要人才屬於稀缺性人才，且在就業市場不易找尋時，通常採用此種方式進行人才招募。

☑領英（Linkedin）

領英（Linkedin）是新興國際人才招募管道，也是所有獵頭服務人才招募的來源，由於登刊職缺的公司來自全球，對於人才來說，比較有機會找到全球性工作機會。

通常外商企業，大都會運用此招募管道，尋找適合的人才。具有英文能力的人才，也會固定到此更新履歷。

如果公司人才需求，需要面對全球市場，並具有英文能力，領英的人才庫資源，相對比較豐富。

☑校園招募

校園招募則是偏重社會新鮮人，每年台灣各大高校都會舉辦校園博覽會，人資界俗稱為大拜拜，北區以台大為首，中區以逢甲為中心，南區以成大與中山為中心。

每一所學校都會有校園大型招募活動，企業通常以擺攤方式進行，花費大量人力與時間，實際招募成效卻不佳。

對企業來說如果需要的是即戰力人才，校園招募就不是一個好的選擇。校園招募，主要為了提高企業品牌形象，為企業儲備人才庫，或是增加人才對雇主品牌印象。正所謂抓娃娃必須從校園開始，這時企業的攤位設計，填答履歷贈送禮物內容，都需要用心思考，才能達到企業品牌塑造與提高回收校園履歷的數量。

☑內部人才招募

面對如此多元的人才招募管道，我認為內部人才招募，總體經濟效益最高，而且是人才留任率最高的人才招募方式。

企業同樣要支付招募費用，與其支付給其他公司招募服務費用，倒不如轉成為提供給員工的獎勵，讓員工共同參與，一起來找好人才。

☑提供內部員工獎金，推薦好人才

分享我過往的執行經驗，具體操作方式簡單有效。首先在公司公告英雄帖，通知所有員工，公司需要找的人才職缺，以及提供公司即將設計內部推薦獎金等訊息，公告周知，鼓勵員工一起協尋認同公司價值觀的人才。

設計推薦獎金金額，根據招募職缺難易程度與職級，設計不同金額的推薦獎金。如果是就業市場比較容易尋找的通用職缺，獎金以鼓勵性質為主，推薦獎金不宜太高。但職缺如果屬於就業市場稀有人才時，代表難度愈大，推薦獎金設計建議傾向提供較高金額，才能達到激勵效果。前者大約10,000元，後者金額可能介於10,000元-30,000元之間。

遇到職級較高的職缺，則可以提供更高的推薦獎金，吸引員工，共同參與。

內部推薦獎金的發放時間，可以分為三階段，第一階段是通過三個月新人考核，公司支付30%。第二階段則是員工任職年資滿半年，支付30%。第三階段則是員工任職滿一年。支付最後40%。獎金發放時，推薦人與被推薦人必須同時在職，如果有任何一方離職，則不發放此筆內部推薦獎金。

內部人才推薦的招募方式，有很多好處：

- **把招募費用轉成激勵獎金，增加員工福利項目**

把原本公司要支付給外部招募服務費用，轉成給員工實質激勵獎金。

- **衡量員工對公司的認同度**

另一個重要效果，就是間接觀察現職員工對公司認同程度的衡量指標，員工願意推薦朋友到公司任職，就是代表員工對公司有高度認同的行為表現。當員工對於公司文化、品牌、產品與服務不認同時，員工基本上不會考慮推薦朋友到公司任職。

- **員工篩選需要的員工最精準，也加快找人才的速度**

其次，推薦者因為在公司內部對於職缺內容比較理解，對於被推薦者的工作經驗與背景有基本認知，在推薦當下，就已經進行初步篩選，此舉大大提高人才媒合成功機率。

- **推薦者與被推薦者可以彼此互助，變成企業凝聚的共同活動**

最後，運用激勵獎金設計將推薦者與被推薦人以「雙在職」的「雙綑綁」方式，讓推薦者持續關心被推薦者在公司任職情況，如果被推薦者在工作中有任何不適應或者工作有些特殊狀況時，推薦者也會在第一時間反映給相關主管與人資招募同仁，被推薦者如遇到對公司政策有不理解的地方，通常也會私底下跟推薦者詢問，直接解決被推薦者心中疑惑。

目前在台灣企業的實際應用結果，內部人才推薦取得相當不錯成效，基於以上四點，企業運用內部推薦招募管道方式，一舉數得，不僅有效，且發揮多重的綜效。

如果目前公司沒有運用，主管可以跟公司提出建議，善加利用，讓內部人才推薦獎勵的方式，可以成為公司的另一種找人才的管道。

1-5 履歷自傳，能夠看出人才的適合度嗎？

主管常常問說，收到求職者履歷時，都是人力銀行制式履歷，實在很難看出個別差異性，而且有些履歷有提供自傳，有些則沒有提供，自傳真的可以提高面試精準度嗎？如果求職者沒有提供，那應該如何處理？

曾經某位主管跟我提到自傳到底重不重要的問題，因為他發現好像在人力銀行制式履歷，有提供自傳的人，相對比較好，而且愈認真寫自傳的人，最後也確實比較優秀，真的是這樣嗎？

我連忙稱讚這位主管，觀察入微，我也有同樣感覺。

人力銀行提供制式履歷，為何沒有減輕大家的工作負擔，反而覺得是一種負擔？原因是目前人才履歷資料庫，約略估算至少有幾百萬份以上履歷數量，面對如此大量人才履歷資料庫，運用傳統方式找人才，其實非常困難，因此這些系統廠商會使用關鍵字方式，提高企業找到適合人才履歷的機率。

龐大數量，也造成另一個問題，如果主管或者人資單位一次密集看完二十份到三十份制式履歷時，眼睛容易感到疲勞，只要稍微分心，就很容易誤刪這份履歷，因而誤殺一位人才到公司的面試機會。

這時候，我認為從履歷中篩選人才最好的判斷因素，就是自傳。

一份用心撰寫的自傳，可以看出一位求職者的思維與行為，以及他個人關注的重點，透過文字，想像求職者的樣貌，同時驗證求職者前面所提供的學經歷是否呈現一致性。

從我個人的經驗，我在看求職者的自傳時，通常會從以下幾點進行觀察。

1. 不能有錯字：

有錯字就代表對於自己做事的品質要求較低。試想，履歷是敲門磚，如果上面有錯字，就代表求職者知道這是決定是否有機會取得面試機會的入門票，卻沒有很認真重視。

2. 自傳不適合篇幅過長：

在時間有限的情況下，篇幅過長的自傳，肯定對於重點掌握度比較不足，不能在有限時間，讓別人清楚自己的優點以及過去曾經做過的事。

3. 用字精準度與簡潔度：

自傳內容使用過多的形容詞，會讓人感受到求職者做事的風格，肯定喜歡拖泥帶水，讀文章如同見到人的個性。

4. 文章具有起承轉合：

自傳結構能不能有系統地介紹自己的職涯旅程，以及每一段職涯轉換的背後思考原因。

5. 用數字證明自己的價值：

用數字化方式展現自己過去的工作表現。

6. 為公司做一份客制化自傳：

一位真正對公司職缺有興趣的求職者，肯定不會用同一份履歷與自傳申請不同的公司。相反的，用心求職者，反而為了申請這家公司職缺，量身訂做，根據企業所需要的工作內容與職缺進行調整。光是用心程度，就值得約來面試。一位願意用心對待事物的求職者，未來在職場工作，肯定會用心。

7. 未來職涯的規劃：

求職者對於未來的職涯發展方向的看法為何？自己有做那些規劃？這些規劃是想像？還是已經朝向這個方向前進？

以上幾點，是我在閱讀求職者自傳時，基本上會觀察的幾個重點。

透過自傳的觀察，搭配現場面試提問技巧與觀察技巧，這將會大大提高面試精準度，等人才正式加入公司時，觀察一段期間後，其行為表現也呈現一致。

如遇到人才履歷的基本學經歷符合期待，但沒有提供自傳時，我就會請他以郵件方式重新提供一份包含有自傳的履歷表，也許他沒有過去受過履歷面試課程培訓經驗，或者閱讀類似文章，但我願意提供一次機會給求職者。

在閱讀履歷自傳時，有時也會發現有高手背後操刀自傳的機率，這種情況，市面上有專門教授如何撰寫履歷，當然也有代寫履歷的服務。

面對完美的履歷，面試官完全不需要擔心，就跟水果外型太完美，就表示可能施加過多農藥，只有外型有些粗糙，才代表是自然生成。只需要在面試時，面試官以螺旋式方式，追問幾個問題，求職者就會出現手忙腳亂的現象，根本逃不出面試官的火眼金睛。

所以，從閱讀自傳下手，絕對是可以提高面試精準度。建議主管，與其只是看重前面的制式履歷，應該花更多的時間閱讀自傳，從求職者自傳當中，您將會挖掘到更多資訊，確認求職者是不是您想找的人才。

1-6 真的需要認真分析履歷嗎？如何提高面試精準度？

曾經有一位主管詢問，我在平常面試時，總是匆匆忙忙，沒有太多時間看履歷，大多一邊看履歷，一邊面試，這樣會不會影響面試結果？

以上這位主管的問題，主管們肯定不陌生，因為大家似乎都面臨相同的問題。

我曾在某家企業主管培訓課程中，教授「履歷分析與面試技巧」課程。一開場，我詢問現場上課主管幾個面試問題：

- **第一個問題，平均我們要收到幾份履歷表，才能錄取一位求職者？**

主管踴躍舉手與發言，有人說30份，有人說100份，主管所提供的答案，差距甚大。

- **第二個問題，在您過去的經驗中，主管平均花多久時間，閱讀一份履歷？**

有的主管回答大約20分鐘，有的主管回答大約10分鐘，甚至有主管回答大都是進會議室面試前，簡單快速地瞄上一眼，平常工作太忙，沒有太多時間，只能一邊面試一邊看履歷。

我又接著詢問，第三個問題，有沒有事前針對履歷進行分析？

大多數主管面露無奈地說，已經忙到沒有時間去閱讀履歷，更遑論去做履歷分析的工作。

以上主管回覆的答案，我一點也不覺得意外。

根據Glassdoor統計資料，平均我們需要有250份求職履歷表數量，面試大約4～6位求職者，最後才錄取一位，**這表示當履歷來源數量不足的時候，我們從中能夠挑選的人才，也會受到限制！**

履歷數量不足的原因，可能是企業雇主品牌不具吸引力，企業需要思考的做法是如何增加能見度，經營雇主品牌，才能讓履歷數量逐漸提高，這需要長期的投入，才能看到效果。因此在履歷數量不足前期之下，我們更應該珍惜每一份履歷，從有限履歷，找出適合的履歷，進行分析。

如果我們只能運用非常短的時間看履歷，估計只能利用面試空檔時間，快速抓取關鍵字，在面試過程中，面試官的一舉一動，將會影響求職者對這家企業的觀感，只有事先進行履歷分析，才能氣定神閒，全神關注學員。如果面試官沒有花太多時間研究履歷，在面試時，不容易聚焦面試問題，更遑論判斷履歷的真假程度。

由此可見，分析履歷對於是否能找對人才是非常重要的工作。

既然履歷分析如此重要，到底要看那些內容？這些內容與資訊，又代表那些意義？通常主管可以關注以下幾個重點。

☑ 近期工作

求職者近期曾在那些企業服務，主要職務名稱與工作內容為何？任職期間大約多久？離職原因？

通常求職者近期工作內容與目前工作能力相關程度最高、了解愈多，愈能清晰判斷人才適任程度。

☑ 企業辨識度

求職者曾經任職的工作，都是屬於大型企業還是小型企業。有些求職者，只喜歡待在大公司，有些則是選擇從大企業到小企業任職，有些則是從小企業轉換到大企業，在不同規模的企業任職，對於工作內容的執行程度也不盡相同。

大型企業工作內容的分工比較細，求職者可能只專精在某一項工作內容，小型企業則是工作範圍較廣，很多工作內容都是一手包辦，無形之中，能力也在工作中培養。

如果目前公司規模較小，需求是具有多能工的人才，選擇曾在小型公司求職者，比較符合企業需要。

☑職涯發展歷程

分析求職者每一段職涯發展，主要是想要了解求職者是有計畫或者隨機選擇每一段職涯工作。同時了解每一段職涯背後選擇原因，藉此可以判斷求職者對於未來工作發展方向，是否有清晰的概念，當求職者對於未來的職涯有清晰的藍圖時，工作動機也就會愈強。

☑興趣愛好

除了工作之外，是否有其他興趣愛好?興趣與愛好，偏向靜態與動態?例如：喜愛打籃球的求職者比較具有團隊合作意識。喜愛登山者，通常為了達到目標，願意忍受過程的孤獨，最終靠意志力登頂，一旦設定目標，一定會想辦法完成。喜歡自助旅行求職者，通常具備較高的解決問題與適應環境的能力，旅行中常常會發生預期以外的事，抱怨無濟於事，解決問題才是王道，對於事物的變化，彈性也會比較高。

興趣愛好與工作的關聯性，相關性愈高，工作適合度也就愈高。

☑ 履歷表整體結構

畢業科系與工作相關性？職涯歷程是否是由近期到遠期？每一份職涯之間關聯性？每一段工作經歷，是否有簡述工作重點項目？是否盡量以數字展現其績效？是否提供證照，持續保持學習等。

在分析完履歷，其實面試官腦海中就已經浮現一個求職者基本樣貌，面試時，就是透過面試問題提問，來確認是否與腦海中的樣貌呈現一致。

主管，再忙，也一定要事先進行履歷分析，基於尊重人才，不因為自己準備不充分而錯失人才，前期花點時間分析履歷，事前思考面試時需要提問的問題，才能提高面試精準度。

1-7 哪一種面試方法比較有效？

常常有企業主或者主管說，人資單位通常會提供多種面試方式讓我選擇，但常常我搞不清這些面試方法的差別，是不是只能選擇一種面試方式？還是可以針對不同的人才屬性，使用不同的面試方法呢？

面談方法有如過江之鯽，各有各的優缺點，到底有何差異？不管採用何種方法，最重要的是「精準地找到適合的人才」。根據我多年來的人資管理經驗，面試類型可以分為這幾種方式：

1. 結構式面談

2. 非結構式面談

3. 情境式面談

4. 會談式面談

5. 壓力式面談

6. 行為面談法

☑ 結構式面談（Structure interview）

第一種是結構式面談（Structure interview），根據設定的評估指標，設計面試問題與評價標準。

嚴謹度高，主管會按照面試問題，進行提問，最終評估時，也會因為有共同標準，最終評估多位求職人者，比較容易達成共識。

☑ 非結構式面談（unstructure interview）

第二種是非結構式面談（unstructure interview），沒有既定的模式框架，面試官根據自己的興趣與現場求職者特點進行面試問題提問，求職者也沒有固定答題的面談形式，提供面談者自由發揮空間。由於沒有共同評估標準，完全依照主管的過往面試經驗，作為最後決定人選的依據，由於過於依賴主管個人判斷，比較不容易達成共識，而且也會增加看錯人才的機率。

如果面試者經驗較不足夠，建議不採取這種方式。但如果是社會化經驗愈高的高階主管面試，則可以考慮採取這個方式。

☑情境面談法（Situational interview）

第三種是情境面談法（Situational interview），透過對職務的了解，在工作情境下，設計一系列面試問題。面試官會針對所有求職者，詢問相同的問題，在某一個情境下，求職者會如何處理？如何做選擇？選擇的背後的原因？

如果是屬於價值觀判斷問題時，透過員工的選擇，了解員工行為傾向性，將有助於推測未來遇到類似的問題時，員工會如何處理？並展現那些行為。

☑會談式面談法（PANEL Interview）

第四種會談式面談法（PANEL Interview），集體面試就是會談式面談，通常公司會組成一個面試小組，針對多個求職者進行面試問題提問。

透過共同提問，觀察那一位求職者比較積極快速回答問題，回答問題的口語表達能力與邏輯思考完整性，主管立即進行評分，比較能夠判斷出求職者的差異。

☑壓力式面談法

第五種壓力式面談法，當求職者面對多位面試官一起面試時，或者突然用高音貝的聲音，快速提問問題，故意製作緊張具有壓力的面試環境。主要觀察求職者在壓力或者突發情境下，會有那些行為表現。有些求職者在面對壓力時，表現容易失常，有些則表現的愈好，面對壓力，依舊有條不紊，沈著應戰。

高階主管或者業務同仁的面試，通常會採用此方法。

☑BEI（Behavioral Event interview）行為面談法

第六種BEI（Behavioral Event interview）行為面談法，是結構式面談法之一，由美商宏智（DDI）公司提出一個STAR的行為面試法，透過行為面談法，找到一顆明日之星。在面試過程中，面試官會詢問求職者「過去在執行某項工作」時：

- **當時是在何種情境之下完成哪些任務？**

> **NOTE**
>
> STAR分析的意思是：運用Situation（情境）、Task（任務）、Action（行動）、Result（結果），進行分析。

- **當時採取哪些行動？**
- **最後產生哪些結果？**

應徵者必須描述過去曾經完成的具體事例。以過去的行為，預測未來是否具備新職務所需要的能力。主要聚焦在求職者過去真實的行為，了解過去實際運行方式，對於求職者的知識、技能、動機與態度，進行總體評估。

例如：某位業務，在面試時，提出過去曾有銷售伍佰萬銷售數字，表示未來有能力可以成功銷售壹仟萬的業績數字。此時面試官，需要往下追問，過去在何種情境下完成，是個人力量完成？還是依靠團隊成員力量？當時做了何事？才能完成銷售目標，簽約內容包含哪些？從開始拜訪到完成簽約，總共花的時間多久？最後是否成功收回款項？透過不斷地追問，讓求職者更多描述過去的情境，資訊愈多，面試官判斷準確度才會愈高。

在判斷時，主要關注在求職者描述事件的真假程度，確保錄取後，工作行為與面試趨向一致。

☑ 什麼情況適合什麼面試方法？

面試方法各自有優缺點、企業在面試方法選擇時，必須思考目前企業的階段，如果過去主管面試時，屬於比較鬆散與隨意，這時需要先進行結構式面試，確保那些面試問題，一定需要詢問。等到主管從結構式面試比較熟悉後，在慢慢調整為到半結構式面談，最後在進化到行為面試法，有一段循序漸進的過程。

根據面試的對象，調整面試方法，當面試已經具有結構式面試的基本功之後，此時就可以根據實際應用情況調整，不需要侷限在招式，不管用哪一種方法，能夠精準找到人才，就是好的面試方法。

1-8

集體面試法比傳統面試法，更省時有效嗎？

常常有主管反應，我們每次面試到一位不錯的人才，等待我們通知時，好的人才都已經拿到其他公司錄用通知單，我們總是慢了一步。面試後，主管與人資單位在面試最後環節，決定是否錄用人才時，有時雙方意見不同，也耽誤錄用人才的最佳時機點。不知道是否有其他更好的面試方式，可以讓雙方快速產生共識？

企業面試流程每家公司都不相同，普遍來說，大多是人資單位先進行人才履歷初篩工作，初篩基本符合資格，提交給用人單位主管，如符合初步條件，再邀約求職者到公司面試。

部分企業，則是第一關請用人單位主管先進行初步電話面試，當求職者專業能力符合基本條件後，才會邀約到公司進行第一階段口試。首先由用人單位先進行第一次面試，再由人資單位進行第二次面試，雙方如果對於求職者初步感到滿意，才會進入複試階段。

重視企業雇主品牌的公司，是人資單位先進行第一次面試，初步先跟求職者介紹公司企業文化經營理念等，才會邀請用人單位進行第二次面試。複試階段則是邀請用人單位的直屬主管負責，某些職位的特殊性與重要性，甚至會邀請總經理進行第三階段面試。

如果按照這樣的面試流程，普遍錄用一位人才的時間，至少長達三週到一個月，主管日常工作行程忙碌，一次要邀約這麼多位的主管進行面試，光要安排面試時間，就是一個大工程，更何況要達成共識。

在人才競爭的時代，誰先搶到人才，誰就是贏家，這樣的流程與效率，有待商榷。

用人單位與人資單位，雙方對於是否錄取求職者的意見，也常會有不同看法，雖然人資單位會提供相關專業建議，但基於尊重用人主管的職權，最後傾向以用人單位決定為主。

☑ 集體面試法：多對多尋找新鮮人

目前台灣企業也開始使用集體面試法（group interview），也稱為會談式面談（panel interview）。Google 也是採用集體面試法進行人才面試。

除了企業界使用之外，學術界也會採用，當年我的研究所入學口試，學校就曾使用集體面試法做為挑選學生的方式，回想當年共計有五位口試老師，每一輪大約為四位到五位學生。口試開始前，其中一位口試委員先向參與面試學生說明整體口試流程、時間以及相關注意事項，隨即就開始進行口試。

第一個問題，通常是請每位學生簡短自我介紹三分鐘。

第二個問題，由其中一位口試委員以指定題目方式，請同學自由回答，最先回答，不見得獲得比較好的機會，最後回答也不見得處於劣勢。這個環節主要是觀察學生是屬於主動積極或者被動，思考敏捷度、論述條理性、口語表達能力以及面對壓力的總體表現。

第三個問題，由口試委員指定學生回答，例如：在同一輪面試的學生中，請給我們一個錄取您的理由？這個環節設計，非常精彩，有些同學會一直提到自己的優點，甚至放大自己優點。有的同學，則先稱讚其他同學也非常優秀，但自己的優點主要為何，並同時論述自己與其他候選人的差異，總結自己值得錄取的原因。有些同學；則會強調如果有機會錄取的話，未來研究方向會往那個方向進行，日後會如何應用所學，貢獻社會。

短短一個小時，就可以讓口試委員輕易判斷每位學生的特質以及分辨哪一位學生才是適合該校的學生。

企業面對要招募的是新鮮人時，採用統一招募方式進行人才儲備，由於人數過多，以多對多的方式進行，比較有效率。

☑ 集體面試法：多對一挑選專業人才

企業採用集體面試的另一種情況，要找有經驗的人才，大多會採用多對一的方式。特別是新創企業，基本上大多採用這種方式。多對一的執行方式，通常是多位面試官面對一位面試者。

根據天下出版的《Google 超級用人學》書中的介紹與我的實際執行經驗，面試官組成由用人單位的主管、人資負責招募同仁，與未來與這位求職者共同工作部門同事、未來有合作機會的其他部門同事，共同組成跨部門面試小組。

面試中，大家各司其職，共同把關，最後採取一票否決制進行投票，只要有一位面試官不同意錄取，說明不錄取原因，無論這位求職者學經歷有多優秀，最終都將不會錄取。

執行集體面試法的好處之一，就是求職者進入公司前，其他同仁就已經透過面試時，得知這位未來到職的同仁已具備那些工作能力，未來在工作如何配合。

同時使用同一套用才標準進行面試評估，經過面試小組集體討論，取得共識，降低看錯人的風險，也在溝通與討論中，對焦人才錄用標準，無形之中，也提高其他面試官的經驗。

台灣企業雖然也採用集體面試法，唯一的差別是一票否決的運作方式，在台灣比較難以執行，大部分台灣企業還是以尊重用人單位主管或者總經理的意見作為面試錄取的意見。

相較於傳統面試法，採用集體面試法，的確可以減少求職者到公司面試次數與時間，也可以減少重複聯絡安排主管面試時間，縮短彼此的時間，加快通知錄取人才的速度，可以從三週到一個月，快速縮短到二週。

透過集體面試錄取的人才，在公司適應程度與留任率的執行成效，也比傳統面試方式高出許多，因此採用集體面試法可以縮短面試時間，提高面試決策速度，降低看錯人的機率等諸多好處，值得在台灣企業大力推廣。

第二章

如何培養出優秀的好員工？

2-1 為什麼安排培訓，員工不領情、成效沒出來？

常常有些主管或者ＣＥＯ，都會提到他們在公司上過很多課程，也安排很多課程給員工，在上課時，感覺課程含金量高，當天學到很多課程內容，但最後卻發現沒有產生太多效益。或者有時候主管安排部屬去上課，回到工作崗位時，卻也沒有看見部屬有何改變。

基於過去種種不美好的經驗，在主管與ＣＥＯ的心目中，總認為「培訓是無效的」。培訓，真的是無效的嗎？

☑那些員工不想去卻不得不去的課程

任職在台灣某全球企業的朋友，曾經提到他們公司每次安排教育訓練，都是臨時通知，而且公司喜歡安排在平日工作天晚上，主要考慮是大家白天工作時間都擠滿開會行程，要安排大家一起上課，光協調主管們時間，都感到很困難，索性就一律安排在晚上。不只是時間安排倉促，而且都是以大班課程為主，每次上課的高階主管將近150位！大家排排坐，課程大都以講授型為主，欠缺互動。

雖然請來的老師不乏是業界名師，但臨時安排課程，再加上排排坐，大家上課真的很辛苦。每次上課時間大約2小時，上課時間雖然不長，但這樣的課程，真的可以學到東西嗎？學習後又有多少可以應用在工作中？

他對這樣的課程是否具有學習成效，心中感到萬分懷疑。

如果請假沒有準時出席，人資單位還會提醒說：「如果要請假，不能出席，需要經過主管同意，而且未出席學員名單，全部要提交給總裁。」因為害怕被點名作記號，只好心不甘情不願去參加課程，但心卻不在課程中。

這樣的情境，不只發生在全球大企業。

我也曾聽說位居台中的某上市公司，公司CEO本身非常熱愛學習，常常要求人資單位將課程安排在周六上課，而且強迫主管或重要員工一定要參加。只是每次都安排在周六上課，員工怨聲載道，有些員工提到會影響與家人朋友相聚的時間，但卻沒有人敢跟公司反應。

少數幾位員工反應給人資單位，希望有所改善，但人資單位也無可奈何。

這家企業願意投資在人才是一件好事，因為時間安排不當，卻把公司提供給員工學習成長的美意，徹底抹煞。

這樣的場景，是否也曾發生在您們公司。

☑強迫式的培訓，效益減半

學習行為如果是被強迫的，雖然身在課堂中，但心卻不一定在，不需要等學習結束，就已經打了折扣。這樣的培訓課程，肯定效益減半。

部分傳統產業企業主，認為只要有上課機會，就希望能夠邀請更多同仁一起參加。我曾經某一年在大陸某家企業進行培訓，原本主辦單位通知我的上課名單是50人，結果一進到課堂，竟然高達150人。

詢問主辦單位原因，主辦單位不好意思的說：「老闆說，難得老師您來上課，要盡量安排同仁上課。」我一聽大吃一驚，接著詢問來參加這堂課程都是哪些同仁？初步瞭解後，我跟主辦單位說，這個課程，估計某些同仁不一定適合，對老師來說，參加培訓人數過多，很難進行課程之間的互動，學習效果容易打折，而且貴公司安排的座位，竟然是級別愈高主管，坐在第一排，級別相對低的同仁，則坐在最後一排。分階級學習文化，本身就不利於學習。

最後因為學員已經到達培訓演講廳，以及在主辦單位苦苦哀求下，最後勉為其難，同意讓 150 名學員一起上課。

事後解析這家企業老闆的想法，就是從成本角度進行思考，授課成本除以上課人數，當上課人數愈多，平均授課成本也就愈低。

再則安排讓同仁上課，讓員工感覺這是公司提供一種福利，但老闆忘記了，**這些同仁的時間成本，才是真正最寶貴的，企業效率為何一直無法提高的原因，是不是我們把時間花在與工作不一定有關聯性工作，導致效率無法提高？**這點值得企業主深思。

基於過去對於培訓的錯誤觀念，企業主、主管與員工，對於培訓的排斥，不是沒有道理的。

☑ 安排真正解決員工工作問題的課程

培訓能不能有成效，關鍵在於企業如何看待培訓的態度，以及如何進行課程設計，讓同仁願意主動參與。

上課目的是為了解決問題，如果只想透過一天或二天的培訓課程，改善存在以久的問題，這是過於樂觀的想法，也對培訓抱持過高的期望。老師只是敲門磚，透過老師的經驗分享，減少我們摸索的時間，就是以金錢換時間的概念。

「課程分級制」就是針對培訓對象的需求，量身訂做，設計課程內容。依照同仁職級與職務的不同，來安排課程，而非運用吃大鍋飯的方式進行培訓。

單就以簡報技巧課程來說，依層級來分，就分為初階、中階與高階簡報課程。簡報類別就分為工作簡報、商業簡報、募資簡報等。

不同階級但同一種類型課程，課程教授與學習方式，也不盡相同，超出學員吸收能力的課程，反而容易造成學習成效打折。

所以，每一堂課程都需要制定明確的教學目標。例如我上次幫某家企業進行面試課程培訓，制定三個教學目標，課程結束後，學員學會分析一張履歷表；學會設計一個面試提問問題；學會面試一位求職者。因為教學目標明確，課程設計就必須以三個教學目標進行課程設計主軸，每一段教學演練，就是緊扣三個教學目標，開場時跟學員說明，結束後，又再次說明，並重申課程結束後未來如何應用在工作中。

主管、人資在安排課程前，有些事情：

- **一定要先跟同仁溝通，說明為何要安排同仁去上這堂課程，這堂課程對於同仁的績效改善與能力提升會有那些幫助？**
- **課程結束後，要如何應用在工作中，展現哪些具體行為？不管是績效改善或者能力提升，都是主管與員工共同努力的結果。**

以面試課程為例，課前這家公司總經理與人資長，就已經跟主管充分溝通，為何公司要上這堂課程，課後將會如何安排同仁進行課後模擬面試，以及課程結束後，預計多久會安排正式面試。

學員上課前已經知道公司期待。課程中，老師在課程一開始前，再一次強化這堂課程對於主管重要性，不論現在擔任主管或者員工，未來求職找工作，這是一輩子需要具備的職場工作能力，引發學員的高度學習興趣，讓他們知道上完課真正受益的是自己。同仁帶著問題與期待去上課，上課投入意願愈高，學習成效也就愈好。最終這堂課，獲得極高的評價，這是CEO、主管學員、人資主管與講師共同通力合作的結果。

培訓真的不是萬靈丹，但只要做好前期溝通準備，相信絕對可以成為解決問題的良方。課程不在於數量，而在品質，每一堂課程結束後，員工如果都能應用在工作中，能力就是在一點一滴當中逐漸累積而成。

2-2 培育人才，一定只能運用培訓方式嗎？

有企業主或者主管提到，我們公司規模比較小，沒有太多資源安排教育訓練課程，是否還有其他的培育人才方法？

人才培訓方式非常多元，並非只有課堂培訓方式才能培育人才。以下我列舉自己曾經使用的三種節省費用，又可以達到效益的培育人才方式。

☑請進來，但可利用線上課程

如果公司規模比較小，請名師的費用比較高，建議可以採用線上課程方式，現場播放，讓主管或者員工一起討論。

近期，曾有一家企業想要提升主管的情境管理能力，採用的方法就是一邊播放某名師的線上課程，分段落播放，第一步驟，先播放主題，請主管們思考一下，是否有遇到相同管理情境？如果在這個情境下，通常會採用哪些方法來解決？在A4空白紙上，寫下自己的答案，接下來，採用分組討論方式，請主管們各自分享自己的經驗與解決方法，同時也聽到其他主管的寶貴經驗分享。

最後再看看這位名師線上給主管們的建議與提醒。

而我居中扮演的角色，則是引導大家願意分享，同時也分享自己的看法，最後再請公司執行長分享自己的寶貴經驗。會後，主管們認為這種多層次的交流與分享，有很多的學習收穫。

從培訓成本的角度，公司只花了不到貳仟元線上課程費用，這樣的費用遠比請外部培訓講師低廉許多，整體共學效果不錯且成本低廉，推薦給資源有限的中小型企業。

☑ 走出去，帶員工到標竿企業參觀訪問

員工長期在公司工作，每天看到的都是同樣的臉孔，同樣的作事方法，很難跳脫原有的思維模式，這時候最好的方式，就是帶員工到標竿企業參訪。

透過外部交流與學習，加速學習速率。

我曾見證大陸企業快速發展，當時因為工作關係，負責接待大陸企業到公司的參觀學習活動，一般來說，企業參訪流程，大多是請參觀公司準備相關公司介紹，按照標準參

觀流程，參觀公司或者生產線，即完成企業參訪活動。

當年我在蘇州負責接待某家大陸企業，一行人大約15人，由總經理親自帶隊，帶領全公司一級主管與重要員工一同到我服務的企業進行參訪，參訪過程中提問非常踴躍，讓我感到有些意外，因為這跟其他公司參訪時有明顯的不同。

會後我詢問這家公司總經理，這家公司總經理提到，他在參訪前，就請主管與員工，至少提出三個問題，準備在現場提問，參訪結束回到飯店，立即召開學習交流會，請大家分享在這次參訪活動，看到什麼？學到什麼？日後如何應用在工作中？

同時要訂出三個月行動計畫，以確保參訪的學習成效。三個月後，還要比賽看看那一個部門學習效益最大。

當下我對這家公司總經理作法，表示高度肯定，多年之後，在一次報章雜誌中看到這家公司報導，這家公司每年的業績都創新高，這跟他們總經理帶團隊走出去，向標竿企業學習，讓團隊成員快速成長，有一定關係。

☑舉辦內部讀書會

讀書會是近期在企業流行的方式，大多數公司做法是由公司定期選書，邀請一位導讀人帶大家共讀一本書，要求主管或同仁多久後要看完一本書。

平日大家工作都很忙碌，如果遇到輕薄易讀的一本書，還比較容易處理，如果看到一本厚度高達300～400頁，艱深難懂的書，光拿起書，讀的意願都銳減，不管是主管或員工，個個唉聲嘆氣。

這樣的讀書會推行方式，只會讓大家更討厭讀書，無助於讀書會的推行。

過去我則採用「拆章節共讀」的方式處理。也就是說一本書假設有十篇章節，我會邀請十位同仁，每人負責閱讀一個章節，同時請每人製作三頁簡報，第一頁簡報主要是簡述這一個章節的重點，第二頁簡報主要是總結書中內容與工作關聯性，第三頁簡報則是說明未來如何應用在工作中。

最後再把十位同仁簡報匯集成冊，分享給所有的人。等大家閱讀完畢後，再邀約大家一起分享，分享的方式以「世界咖啡館」的交流方式，達到彼此共同學習的目的。

參加同仁都表示這樣的學習方式很棒，大大減輕自己一個人要讀完一本書壓力，同時可以聽到別人的經驗，增加他們想讀書的意願。只需要投資一本書的費用，達到集體分享，不僅費用低廉，學習成效佳。

主管也不需要等待公司資源，也可以依法畫葫蘆，選讀對部門同仁有益的書籍，採用相同方法，促進團隊共同學習成長。

以上的幾種方法，**都是屬於不需要等待公司資源辦理培訓，主管可以自行安排的學習活動。**

2-3

投資在新人身上做培訓，是否值得？

常常有CEO會詢問，新人剛進公司前三個月，對公司沒有任何產值，為何公司還要安排新人教育課程？投資在這些新人身上，從入職開始，都是公司在付出，這樣的投資感覺不太值得？有時候還會遇到給新人安排一系列的課程，新人滿三個月後就離職，真的感覺公司浪費時間金錢在這些新人身上。

每個人都曾當過新人，可能是離開校園踏入職場，就是一張白紙的新人。可能是從一個原先熟悉的行業，轉入另一個陌生的行業，雖然工作年資較長，但因為跨入新的行業領域，必須重新開始學習，已是職場老兵，卻還是被列為新人。

到底投資在新人身上是值得？還是不值得？短期來看，也許投資金額比較大，不符合經濟效益。長期來說，卻未必如此。

☑新人需要協助的五大問題

新人剛進公司，有五個需要立即處理的問題：

- **對工作環境陌生**
- **對同事有些距離**
- **對企業文化不了解**
- **對工作流程不熟悉**
- **對工作內容模糊**

這是每一位剛入職新人都會有的感覺，如果公司或者主管沒有在三個月內，提供相關培訓與指導讓新人可以快速了解工作與適應環境，新人很容易在三個月試用期內陣亡。

培養新人通常有兩種做法一種是野草文化，另一種是花朵文化。有些企業把新人當作野草，不經過事先的培訓，看看他們能不能夠適應環境？在工作中遇到問題，會不會主動詢問？如果能夠通過三個月試用期考驗，未來肯定好用。

有些企業，則是把新人當作花朵，提供必要的養份與環境，讓新人可以在此落地生根，成長茁壯。

NOTE

台灣勞基法沒有試用期的說法，普遍台灣企業都有試用期說法，這其實是企業的潛規則。

兩者沒有好與壞的差別，只有時間與品質的差別。

☑新人培訓，幫你及時管理有問題員工

在重視人才的企業，通常會提供一系列的新人培訓，目的就是讓新人快速學習成長，了解該項職位所需要的能力。

運用企業資源，安排一系列新人培訓課程，讓培訓出來的新人，快速了解公司對於員工要求與期待，時間與品質相對可控。

如果參加新人培訓後，達不到公司要求，公司也會請主管立即跟員工溝通，調整職位。因為愈早處理，日後延伸的問題愈少。

多數公司在處理不適任員工時，大都是因為未能及時處理，導致時間拉得愈長，產生勞資爭議也就愈多，最後乾脆不處理，滋生更多不必要管理問題。

☑過度保護，反而造成新人理解誤差

有些主管提到，在新人未滿試用期時，不敢安排太多工作給新人，擔心一下子安排太多工作會把新人嚇跑，因此一開始大都只會安排一半工作量，等新人逐漸適應後，慢慢地加重工作。

事實上，這樣的作法，反而讓員工覺得工作內容與面試不相同。我們在面試時，就已經明確地說明工作內容與範圍，因此新人一旦進入公司，我們就應該提供相關培訓，以便讓新人快速上手。

新人入職時，就要安排主管與新人進行一對一面談，安排新人導師或學長姊，制定相關培訓計畫，提供新人一個完整的培訓計畫與學習地圖，讓新人知道公司對他們的重視。

培養新人愈快速，品質愈好，工作中產生的效益，也就愈高。

很多主管在新人剛入職時，總認為是新人，不需要花太多時間關注，總是以太忙為理由，沒有時間為藉口，等新人一旦出狀況，或者提出離職時，才開始緊張，好不容易花時間教會新人，最後可能因為主管疏於關心，導致新人離職，得不償失。

☑ 一定要投資在新人身上的行動

我建議面對新人時，具體作法如下：

- **主動告訴新人您會對他安排哪些培訓計畫？**
- **明確說明三個月需要經過新人試用期考核，考核的標準為何？**

- **安排學長姐或者導師，對新人進行指導。**
- **明確說明每天需要完成工作任務有那些？**
- **每天或者一周為周期，讓新人以電子郵件或者口頭方式回報每日工作三大重點，每天做什麼事？學習到那些？遇到那些困難？**

每周安排與新人一對一溝通，藉由了解新人的適應與學習情況，給于適當的協助。通過三個月的觀察與密集培訓、學習，讓新人的工作能力快速養成，新人通過三個月試用期考核機率也將會大大提高，前三個月看得牢，肯定留在公司機率高。

新人入職三個月內，不僅是主管觀察新人，也是新人觀察公司與主管的時候，主管態度是影響新人是否留任的關鍵。投資新人絕對是正確的，寧願前面多花點時間關注新人學習情況，投資才不會白白浪費，想要投資有回報，先從改變對新人培養的觀念做起。

2-4 新進資深同仁，到底要不要參加新人培訓？

資深同仁或者主管到職，是否要參加新員工入職培訓？這個問題，常常會有主管詢問，也常常跟公司人資單位有不同看法，到底資深員工需不需安排上新人培訓課程？

主管怎麼想？這些資深同仁應該是即戰力？

主管普遍性反應，大多是資深同仁過去都已經在其他企業上班，這些同仁進入公司就是要發揮即戰力，人資單位安排這些資深同仁去參加新員工培訓，豈不是太浪費時間了嗎？

這些本來他就已經會了，不需要再安排新人培訓，更何況投入學習成本很高，還不如把握時間工作，對部門才有實質貢獻，這是用人單位的看法。

很多企業主管也會要求人資單位，盡量不要安排，或者只安排少數幾堂的課程。人資單位的主張，則是新員工培訓應該不分級別與年資，只要是新入職員工，都應該參加培訓，更不應該挑選課程上課。

兩方意見相佐，僵持不下。有時為了安撫用人單位反彈聲音，另一方面公司也沒有強制要求，最終人資單位只好妥協。

每一位資深新人即使曾經任職其他企業，一旦入職到新的公司就是一位資深新人，代表著他需要重新適應公司企業文化與工作環境，學習公司流程與表單。也許他過去曾任職公司，也曾安排新人培訓課程，但每家公司執行方式，卻不一定相同，有些公司提供一天簡單版新人培訓，有些公司則是安排三天版，有些公司則提供長達一個月新人培訓，上完課，必須通過筆試或線上考試，才算完成新人培訓。

新人培訓內容將根據產業形態、職務內容、時間，有所不同，既使是有經驗資深新人，也只是經驗比較豐富的新人而己。我們需要把這些資深新人，當作真正新人對待。特別是社會化程度愈高的新人，肯定參加過不同公司所舉辦的新人培訓，在培訓過程中，自然而然，就會觀察這家公司企業文化，是不是跟自己當初選擇一致。

資深同仁與主管，參加新人培訓，有以下幾點好處，讓我逐一分析說明。

☑ 協助新人有系統了解公司運作方式

任何一位新人到陌生環境，肯定不熟悉，透過新人培訓，破除陌生感。透過系統化的方式，讓資深新人全方位了解公司企業文化、歷史沿革、品牌精神、經營理念、產品、作業流程與相關表單，同時提供相關資訊，以便日後發生具體問題時，知道可以找哪一個單位或者同仁協助，節省資深新人摸索的時間。

☑ 快速建立同梯的情感，建立自己在公司的人脈網路

當工作需要跨部門合作時，同梯情感就發揮效用，因大家曾經在新人訓一起上過課，當工作遇到困難時，可以快速找到資源協助。好比男性當兵時同梯革命情感，一旦出了社會，就成為社會人脈相互支持的體系。

☑ 觀察資深新人行為是否是符合要求

人資單位在規劃課程時，通常會安排小組討論或者互動遊戲，透過分組討論，觀察員工的思維、價值觀與行為模式是否與公司一致，評估是否具有潛在領導能力與團隊精神的最佳時機。

主管可以請人資單位協助在資深新人完成培訓後，提供觀察報告，加強主管對資深新人的理解程度，以作為工作指導與學習計畫參考，同時提高通過試用期機率。另一方面，彌補招募面試時，可能沒有發現的問題點，事先採取預防工作，減少問題發生。

缺點則可能是遇到資深同仁，對於公司作法不認同時，可能會運用群體力量表達看法，而人資單位如果沒有事先警覺或者預防，容易造成集體離職的問題發生。

綜合以上比較，優點大於缺點，對主管來說，投資幾天的時間，讓資深新人全盤接受新人培訓，不僅跟主管與同仁有共同語言，加速融入企業文化。

如果是不適任的員工，可以及早處理。資深新人剛到公司，內心比較不安定，本屬正常，如果採取先安定他的內心，讓資深新人認同，確定這是他想要加入的一家公司，強化當時所做的工作選擇，認同主管願意提供多方學習機會，都將會提高資深新人的留任率，資深新人一旦認同，也會運用工作績效來回報公司或主管。

☑好的新人培訓，更容易留下優秀員工

過去我也曾經遇過用人主管反對資深新人參加新人培訓，而我採取的方式是跟主管溝通，請他給資深新人一次學習機會，等資深同仁完成新人訓課程，三個月通過評估之後，請這位資深同仁表達自己參加新人訓的看法。

這位資深新人表示這是讓他最後決定要繼續留在公司的原因，因為一家願意花時間與資源培育資深新人的企業，才是好公司。原本對於新人培訓不支持的主管，從此之後，就全力支持新人訓的計畫。

下次如果遇到用人單位主管不支持的情況，可以試著邀請用人單位主管一起參加，當主管親自參加完成新人培訓計畫，了解培訓內容，相信一定能從原有的反對改變為支持。資深同仁或者主管參加新人培訓，其實不是損失，反而會得到更多。

2-5 主管在部屬培訓中的角色，到底有多重要？

常常有CEO會詢問，為何每次我們好意給員工安排培訓課程，員工總是參加意願不高，我非常理解培育人才的重要性，也很願意花錢與時間，投資在人才身上，但大家似乎不是很感興趣，到底是發生何種事？

不只是CEO有此困惑，用人單位主管則認為人資單位每次安排員工去上課，浪費時間，日常工作都沒有做好，為何要浪費時間去上課。

舉辦培訓的人資單位也有話要說，每次開課，邀請員工上課，總是挫折感十足，不論是安排外部講師到公司上課，或安排內部講師上課，員工總是意興闌珊，參加意願不高。

開課前，還要一通通電話再三確認，正式上課前，又常常臨時說有工作安排不能參加，有的員工還會說是自己很想參加但主管不准假，想要改善這個問題，卻又不知道從何下手？

這樣的情境，您應該耳熟能詳，也可能就發生在您們公司。

關鍵在於培訓時的施力點放置錯誤，關注點不應該放在員工，應該是主管。

☑是誰決定了員工的學習成效？

根據學習移轉理論，每一場培訓，通常會有三種角色，分別是學員主管、學員與培訓講師。按照培訓時間分為培訓前、培訓中與培訓後，以數字一到九，表示其重要性，數字愈前面，重要性愈高，如下表。

從以下表格可以看出，「培訓前，學員主管」對於學習成效具有關鍵性重要影響。次要影響則是「培訓前，培訓講師」，第三個重要影響則是「培訓後，學員主管」。以時間點來說，培訓前的重要性高於培訓後，以培訓角色來說，前三個原因，主管就囊括第一名跟第三名。

	培訓前	培訓中	培訓後
學員主管	**1**	**8**	**3**
學員	**7**	**5**	**6**
培訓	**2**	**4**	**9**

☑培訓前中後，一定要做的事

首先我們需要釐清培訓的目的，培訓絕對不是比上課堂數或時數，而是比質量，培訓真正的目的是為了提升員工能力，或者改善員工績效。

第一，在資源有限情況下，每次的課程，都必須抱持不隨便開課，開課就是為了解決問題，才不會讓人感到浪費資源，避免主管或者員工不珍惜的情況發生。

第二、培訓前，人資單位必須跟開課需求的主管進行充份溝通，為何要開這門課程？想要解決那些問題？做好完整課程需求分析，人資單位根據業務單位的需求，制定課程目標，展開相關的課程開課計畫。

第三、根據主管的需求，尋找適合的講師，事前與培訓講師對焦課程內容，設定課程目標到達行為改變層次，或者績效改變層次。

第四、主管在收到開課通知後，需要跟員工進行一對一溝通，清晰明白告訴員工為何要安排上課原因？希望員工上課時，學到什麼？上完課回到工作崗位時，需要做那些事？行為有那些具體改變？溝通愈清晰，員工愈知道主管對他的期望，也代表主管對他的重視。

第五、培訓前，可以事先提交該員工目前所面臨的問題為何？需要特別關注與指導的資訊，提供給授課講師，希望學員上完課後，具體在哪一方面進行改善？除了老師課程指導之外，同時提高學員課程學習意願。

第六、培訓後，主管應該再安排一次時間，跟員工進行一對一溝通，具體瞭解員工在這次課程具體的學習收穫，同時對焦此次課程是否有達到原先的預期，後續安排員工進行內部分享或者繳交心得報告，確保此次課程學習，從輸入轉化成為輸出，提高學習成效。

☑要確保員工學習後的輸出

根據《最高學以致用法》一書作者樺澤紫苑曾提到，為何現代人總是安排上很多課程，但卻沒有感受到高成長，原因在輸出的數量。

何謂輸出的數量？例如：上課後，是否運用繳交心得來輸出。或者由學員身份轉換成講師，安排內部與同仁分享，透過轉化學習內容，強化學習成效。

書中也提到最佳的輸入與輸出黃金比例是3：7，只有輸入和輸出形成正向循環，才能達到成長螺旋梯。一般來說，多數人學習輸入與輸出比例是7：3，剛好與黃金比例相反，這也足以說明為何看到有些人上很多課程。但成長幅度卻有限的原因。

主管如果可以在部屬上課前，就明確告知，當學習完畢，將會安排內部分享會，想必員工在上課時，戰戰競競，學習意願必然高。上完課後主管立即追蹤與關注，讓員工知道主管非常關心這件事，員工肯定也不敢馬唬。主管當一回事，員工就會當一回事。

如此一來，每一堂課，經過以上六個步驟，人資單位就不會如此辛苦，苦苦哀求員工來上課，企業主也不會覺得花錢看不到成效，主管也會看到員工的具體成長與改變，達到三者皆贏的境界。

2-6

工作說明書，應該由誰來撰寫？

很多主管常常為了工作說明書由誰來撰寫的問題，爭論不休，有些主管認為這本來就是人資單位的工作，就應該由人資單位負責撰寫。有些主管則認為應該由員工自行撰寫，透過撰寫過程，讓員工更清楚自己應該承擔工作內容與職責。有些 CEO 或者主管甚至認為沒有撰寫的必要性。為此大家有不同看法。

台灣企業對於工作說明書大多不太重視，不太重視原因有二：

- **第一、大多數企業或者主管認為只不過就是一堆文件而已，為何要大費周章地完成。**
- **第二、有些公司甚至聘請專業諮詢顧問公司來輔導主管或者同仁撰寫工作說明書，在完成撰寫的當下，主管對於工作說明書的內容多少有些印象，但後續的應用程度不佳，伴隨時間移轉，逐漸遺忘，最後就變成鎖在資料檔案庫**

的塵封文件。

前者不知道工作說明書對企業的價值，後者只記得辛苦撰寫的過程，卻沒有享受後續應用的成效，難怪會有如何大的認知差異。

☑工作說明書需要什麼內容？

工作說明書，又稱為職務說明書，也有人稱為職位說明書，也就是企業中常常聽到的JD（Job Description），是人力資源最基礎的工作，根據職位工作所屬的職責、職權與權利進行定義。共分為基本資料、職位設置目的、組織層級、任職資格與工作職責等五個部分：

- **職位名稱：部門，直接上級，所屬下級人數等。**
- **職位設置目的：職位為何要設置等。**
- **組織層級：組織圖上的位置。**
- **任職資格：教育程度、工作經驗、技能和水平、個性和品質等。**
- **工作職責：工作內容與權責範圍等。**

從權責的角度，大致分為員工、直屬主管與人資單位：

- **員工：**
  - 員工根據自己對工作內容的理解，自行撰寫，由直屬主管進行審核。
- **主管：**
  - 主管對於員工繳交的工作說明書，負責進行審核。
  - 如果員工對自己的工作內容理解不到位，撰寫出來的工作說明書項目，可能會有所遺漏。這時主管就可以從員工撰寫內容，了解員工的落差為何？運用引導的手法，帶領員工思考，重新理解工作內容，並請員工重新撰寫。
  - 透過員工自我撰寫、與主管溝通討論、重新思考與調整，周而復始的過程，直到員工的正確理解，並撰寫完整工作說明書為止。
- **人資：**
  - 負責制訂工作說明書的格式與公司統一字詞的標準寫法，當公司有新增、變更或調整職稱與工作內容時，人資單位應統籌相關單位主管與員工共同完成，人資單位每年定期進行版本更新與維護。

企業內部也常會發生一位員工除了本職工作之外，同時兼任其他部門職位的現象。例如：職稱為人資專員，同時兼任行政相關工作，有時還需要協助管理零用金。有些企業則是部門某位員工離職，主管實行工作內容整併，一旦公司有類似情況，就需要更新與調整，重新審視該職位工作說明書。

公司因業務發展需要，擴增公司業務發展區域與產品，工作內容也需要重新調整，凡是遇到工作內容整併與新增或刪除情況時，工作說明書都必須重新檢視。

☑工作說明書如何應用？

工作說明書後續實際應用主要是在招募、訓練、績效與薪酬等四個方面。

招募方面的應用是當公司在招募平台刊登人才職缺時，就可以充分利用工作說明書內的工作職責，任職條件、職務所需要的能力，作為職缺刊登的內容，明確地界定人才任職條件。

新員工入職時，以此份工作說明書作為參考依據，由主管向新進員工介紹工作內容，讓員工更清楚自己職位內容與職責。訓練方面則是根據職位工作內容與所需要能力，制訂一套專屬員工培訓地圖，讓員工知道自己應該學習的課程內容，員工也很清楚公司會提供哪些資源協助員工能力提升。

績效方面則是針對現階段工作內容，由主管與員工共同制訂績效目標考核項目、目標值與權重，做為個人績效目標設定的依據。

薪酬方面則是根據職務所承擔職責內容，職稱與職務重要等制定薪資，工作說明書是評定薪酬重要參考依據，工作說明書是人力資源工作最重要的基礎。

☑工作說明書由誰撰寫？

到底工作說明書，應該由誰來撰寫？從執行角度，主管才是知道員工職務內容的最佳人選。人資單位，知道部分工作內容，但不知道全貌，即使請人資單位撰寫，所撰寫出來工作說明書，對實際工作幫助不大，也得不到主管的信任。

如果主管認為初步交由員工撰寫，擔心撰寫品質不佳，初期可以邀請人資單位協助進行培訓，指導員工進行撰寫，主管從旁協助與指導員工，一起完成。

透過主管與員工的溝通，提高員工對工作內容與職責掌握程度，日後主管也不需要耳提面命，員工自己就會知道哪些工作內容是本職工作，如此一來，對於員工管理，主管也會變得愈來愈輕鬆。

2-7 讓員工擔任內部講師，真的可以提升能力嗎？

每年到了公司內部講師公開徵選時，人資單位總會發出邀請函，請主管、績優表現同仁，或者專業同仁來擔任公司內部講師，但幾乎每次都會聽到主管回覆：「我的工作很忙，沒有空餘時間擔任內部講師。」、「自己本職工作都做不完，那有時間做內部講師。」。專業同仁則回應：「我有意願參加，但我的主管不放人。」也會聽到資深員工說：「我為何要把我懂的知識分享給其他同仁，對我有哪些好處？」以上這些對話都是被婉拒的理由。

為何在公司推動內部講師制度，沒有主管願意支持？是誘因不足？還是企業學習文化不足？主管或專業同仁的個性內向害羞，不敢上台？還是主管或同仁，不了解當內部講師對於公司、部門或自己有那些好處？

我想以上幾個原因，都可能是內部講師制度無法在公司成功推動的原因。所以如果想要推動更好的內部培訓制度，我們可以按照以下建議來進行。

☑ 提高誘因，讓被動變成主動

過去我在公司推動內部講師時，我邀請每位同仁按照公司標準模板製作講義，公司提供課程講義製作費用，每份講義補助3000元到5000元不等。

製作講義之前，還會安排培訓，教導內部講師如何製作課程簡報，提供給願意擔任內部講師的員工「金錢」與「學習」雙激勵誘因。

當內部講師在公司內部開課時，我會請參加培訓同仁，人人撰寫一張小卡片，除了謝謝老師的精彩授課之外，同時回饋給老師，在課程中學到哪些內容，未來打算如何應用在工作中，增加內部講師「榮譽感」。

另外我也請同仁在辦公室如遇到內部講師時，一定要加上「老師」稱呼，以表示對老師的尊重。

☑ 利益驅動，與公司管理制度相互連結

除了運用學習與金錢提高個人意願之外，真正要讓員工願意擔任內部講師，最重要就是跟公司晉升管理辦法與績效管理辦法進行相連結，讓願意擔任內部講師的同仁，具有

晉升優先權，同時在年底績效考核時，以額外加分方式，提高績效考核分數，最終影響績效獎金。

連帶地，在調薪方面，也會盡量傾向給願意擔任內部講師的同仁。

☑讓學習與分享變成文化

Google企業內部有一個G2G的制度，也就內部同仁之間相互分享，彼此學習，每一位同仁都各自擁有專業，透過分享，共同成長。

在公司推動內部講師制度，就是希望達到相同目的，在分享過程中，向他人學習，也願意多方精進，自然而然把學習當作工作的一部分。

☑專業講師培訓，克服上台壓力

專業講師系統化培訓，內容包含個人的授課與表達技巧，講師應有的行為與態度。

我曾經參加過ATD（Association for Talent Development），人才發展協會培訓大師國際專業認證課程，最後一天學習驗收，每位講師必須在10分鐘演練，完成25項行為指標。

經過一系列嚴謹結構化培訓、演練，蛻變成為合格的專業講師。課程中除了學習講師技巧之外，另一個最大的學習收穫，就是觀摩同班同學的教學演練，透過與他人學習，學習到很多講師授課技巧，無形中提高自己講師技巧。

☑擔任內部講師，讓職涯朝向多元發展

除了參加公司正式安排的內部講師專業培訓課程之外，在教與學的過程，提升自己的能力，授課的同時，增加自己在公司能見度，另一個好處則是讓自己職涯朝向多元發展，有機會代表公司對外到校園或者公開場合進行演講，提高在產業知名度。

許多企管講師，都是從內部講師轉為外部專職講師，開啟人生新的職涯篇章。這意謂著在公司擔任內部講師，除了精進講師技巧之外，提高被看見機會，也為未來職涯發展，打開新的一扇窗。

所以，未來如果人資單位邀請您擔任公司內部講師，或者邀請您的同仁參加專業講師培訓時，一定要好好把握這個絕佳學習機會，勇敢地舉手，善用公司資源，為部門培養人才，同時提升能力，也增加員工晉升與調薪的機會，也為職涯找到新的方向，達到三贏境界。

2-8

線上課很流行，但是不是都很無聊？

很多主管提到，公司目前正在推行學習文化，公司CEO希望全員進行學習，要求主管與人資單位，在員工績效指標內，設定年度應完成多少學習時數，確保大家會努力執行。在公司預算有限前提下，部分課程採用線上方式執行，然而線上課程，有時真的很無聊，大家都反映上課很浪費時間，是不是所有的線上課程都一定是如此？

這種為了完成公司學習指標所進行的培訓課程，大家都只為了完成主管交代的事而進行表面學習活動，本質上內心就是排斥，這種培訓活動，基本上不會產生太多學習成效，對於學習文化建立，更容易產生反效果。

一談到線上培訓，過去曾經參與線上課程的朋友，腦海中一定會立即浮現一個畫面，就是一邊看電腦螢幕中某位老師，口沫橫飛講解課程，當老師講授課程內容太過無聊，自然學員容易分心，但為了完成時數，還是強迫自己在電腦前面學習。

有時遇到部分學員取巧，讓課程採自動播放方式，人卻去處理其他工作任務，課程結束前，才回到電腦前，雖然上過課，有學習紀錄，並獲得學習時數，但卻不一定記得老師在課程中上過哪些課程重點，更別談日後如何應用在工作中。

上述這樣的現象，普遍存在企業中。

☑線上課程可能的優點與缺點

線上課程的好處，就是學員可以自由安排選擇上課時間，不受時空的限制，也可以重複聽課，萬一課程內容某個章節或內容，沒有聽清楚，可以重複進行回放，重新學習，這是線上課程的好處。但現代學員專注度低，很容易分心，如果課程維持講授方式進行，估計課程學習效益，非常有限。

再者，不是所有的課程，都是適合當作線上課程。

一般來說，課程分為三種類型：知識、技能與態度。讓我們來看看可以怎麼設計，達到更好的學習效果。

☑知識型課程，適合轉成線上課

第一種知識型課程，大約是產業知識、管理理論、財經、法律等課程，比較適合調整為線上課程。時間大約可以分為課前跟課後，課前是讓學員提前預習，以便讓學習者提早進入學習狀態，課後則可以當作學員上完課，強化學習記憶補助教材。

課程內容設計方面，一堂線上課程的時數是大約1～2小時，因應現代人專注度不足，課程內容也開始思考將所有知識點切分到最小知識點，也就是「微學習」。

以往的習慣，老師總是一次把一大包知識，全部倒給學習者，學習者反而因為含金量過高而消化不良，也達不到學習應用層次。

「微學習」則是一次只學習一個知識點，大約每個課程時間5～7分鐘。例如某老師的銷售課程，就是採用銷售人員最常遇到的100個問題，作為課程內容。除了讓學習者容易吸收學習重點之外，而且當學員遇到這些工作中實際問題時，可以快速找到解答。

這種以學習者為中心設計的線上課程，大大提升學習效益與課後應用。

☑ 技能性課程，線上課也要有實體練習

第二種技能性課程，例如銷售技巧、面試技巧、簡報技巧、溝通技巧等課程。

從實際應用來說，以線上課程輔助實體課程的學習成效，往往大於單一線上課程。

實體課程方面，授課時間與實作時間，至少各佔一半時間，老師採用分段教學，分段演練與分段驗收的方式，才能達到學習效益。

技能性課程如果轉到線上課程，必須調整原有授課方式與時間，才能達到學習成效。近期參加盧慈偉老師的圖像表達課程，課程總共分為三次，每次兩小時，全部以線上課程方式執行，上課前，助教會建立Line群組，透過學員簡單自我介紹，加速老師與學員、學員與學員之間，對於背景與學習期望，進行初步交流。助教也會發放線上問卷，了解學員對課程期望，以便老師備課使用。

第一次上課時，老師就會進行學習公約説明，最重要一條公約就是學員一定要開視訊，確保學習者在線。針對三次課程規劃也會進行説明，並提供學習路徑圖，讓學習者知道每次課程學習重點與學習目標。

課程中，老師採用分段教學模式，在每一段教學後，老師會請同學按照老師的指令一邊練習，由於在家學習，不受外在限制，同學一邊喝著飲料，一邊自在練習，由於練習時其他同學也看不到，大家都很安心的練習。老師為了擔心學員專注度下降，還常常在每一個課程小節後，請大家把練習作品，放在鏡頭前，確認大家有乖乖在線上認真參與學習。

每一堂課程結束前，老師會安排課後作業與繳交時間，課後助教老師就會請同學一人分享一句今天的整體學習收穫，確保老師知道學員今天的學習成效。

第二次上課時，老師會針對第一次上課同學繳交課後作業，進行學員分組討論，彼此欣賞作品，課程中最重要的環節是老師會針對學員作品點評，說明學員做得好的地方，並以老師角度進行修改建議，在每一位學員修改與講解過程中，同時分享自己的畫圖小秘訣，而這個寶貴的經驗分享，看出老師累積多年的實戰功力，這也是學員回饋學習效益最大的一個環節。

第三次課程的學員繳交課後作品，就可以看到老師在第二次課程傳授的技巧，在學員作品中具體呈現，這樣的課程內容是學習成效評估的第三個學習層次：「行為改變」。由於每次學員作品不同，對於老師來說，都需要費心修改，相對於實體課程，的確是比較燒腦，由於課程分三次進行，老師也需要花比較長的時間，進行班級經營，壓力也會自動延長，但單從每次課程後學員學習行為改變，這樣的線上課程，學習效益遠高於實體課程。

☑態度課程，不建議採用線上課程

第三種態度的課程，則偏向行為改變，例如主動積極，團隊合作等行為，這樣的課程屬性，不建議採用線上課程。

因為一定要透過活動設計，強化體驗，運用引導，帶學員了解差異，才能夠有比較高的學習成效。

公司可以為員工設定學習時數，但在學習方式方面，應該思考哪一種課程類型，適合哪一種課程方式。實體與線上課程，各自有優缺點，知識類型的課程，可以採用線上方式，做為實體課程的輔助。技巧類型的課程，則可以透過課程設計，調整適合教學模式，不但可以創造與實體課程一樣的效果，也許學習者會更喜歡不受時空的學習方式，從此愛上線上學習。

2-9 如何讓資深同仁與主管願意參加新人培訓？

以往人資單位在安排新人培訓時，最常遇到新到任的資深員工與主管們，本來答應說要參加新人訓，因臨時被高階主管或者企業CEO安排工作，開課前緊急通知人資單位無法參加，這樣的事件，常常發生在公司內部，也常常會有資深同仁與主管私下跟人資單位表示無奈，他們其實也是很想上課，但受限於主管的指令，最後還是忍痛無法參加。

通常每家企業對於新人訓課程安排，只要是入職公司新人，不論年資多久或職位高低，肯定會安排上課。再則每一家企業課程的規畫重點、課程內容與學習時數也不相同，人資單位可以理解用人單位工作繁忙，但如果新人剛到公司，在工作尚不繁忙的情況下，都無法抽出時間上課，等到工作漸入佳境後，人資單位要調訓，恐會難上加難。

這樣的問題，關鍵癥結點還是在於主管對於新人訓的目的是否了解，認為新人訓是否有價值。

有時因為主管工作繁忙，再加上過去參加培訓經驗不佳，可能會認為花時間上新人訓課程是浪費時間。

其實新人上課的目的，就是加速新人對公司的認知程度，以系統化的方式，最短時間提供新人學習。如果本意是對的，那又何大家參與的意願不高？關鍵應該不是年資與職務，而在於公司執行力與傳授的方式。

☑公司高層是否在意新人訓？

首先是公司執行力為何？如果公司執行力較不足，總經理應下達指令，凡所有進入公司的新人，不論工作年資或者職位高低，一律要參加新人訓，除非有特殊理由，不能參加者，一律必須報請公司總經理同意。

有了這條規定，就可以降低資深同仁或主管請假機率，這招是硬性規定，有些主管表面同意，私底下還是會有很多聲音，也不一定真正認同新人訓的價值。

☑公司的培訓必須真的有成效

第二，我們要思考的是，新人訓是否只能在課堂中學習。傳統新人訓的課程設計，大都以實體課程為主，課程內容不僅多且雜，期望新人必須一次都學會，在時間有限的情況下，硬塞這些新人必須知道的資訊到腦海，坦白說學習效果不佳。

隨著遺忘曲線，等到最後需要使用的時候，早就可能忘光，依舊還是不會使用。

單向學習，變成只是資訊輸入，卻無法有效輸出，相較於公司投注大量時間與成本，反而看不到效益。因此我們必須打破原有的思維，才會讓投資有效益，讓資深同仁與主管願意參加新人培訓，透過實際參加，感受到真正地效益，一旦覺得有效，日後也願意讓新人參加。

以前我在辦訓的時候，就是先邀請主管體驗，等主管實際體驗感受良好時，就會願意支持。

☑ 辦好新人訓練的建議做法

1. 重新思考課程教授方式

原先部分實體課程，改為線上課程，在正式上課前，就可以採用預先觀看課程當作預習，例如：公司的願景、使命與價值觀，公司經營理念、發展沿革、公司產品介紹、執行長歡迎新人的一封信。

上課的時間，不受時空的影響，可以自由選擇，不一定是上班時間，也不一定只能在公司，只要在上課前，完成預定課程。

2. 重新思考課程展現方式

不一定只能用簡報或者真人與簡報方式，也可以適時使用自製影片或微電影，播放課程內容。讓課程展現形式更加多元，增加學習的意願。

3. 重新思考測驗方式

以前的測驗方式，大多為紙本方式，可以改為遊戲化電競方式，以積分搶關，換寶藏等加入遊戲元素的方式進行，增加活動趣味性，也強化記憶點。將測驗方式記錄，如果沒有過關，提供答題錯誤的地方，並提供正確的解答。

4. 重新思考認識新夥伴方式

新人訓還有一個很重要的功能，認識跨部門同事以及各部門負責各項業務主管，這時候可以用藏寶地圖方式，把公司部門放在地圖中，讓新進同仁到各地尋寶，找到各部門負責人要合照，上傳照片，取得成績方式，既有趣，又印象深刻。

5. 重新思考分數加乘方式

如果新進同仁屬於主管或者資深同仁，所獲得的分數，可以乘於2倍或者3倍，累進到團隊分數中，如果過程中，協助資深同仁或主管過關的夥伴，可以額外加分，讓分數計算依照角色進行加權累計。

6. 重新思考競賽的方式

過去競賽都只是在課程進行時，這時候可以考慮在三個月後，以團隊方式公開PK競賽，這時候相信部門團隊成員都會齊力協助新人一起過關，因為這不僅是個人競賽，已經轉化為團隊榮譽。

前者是使用硬性規定，讓大家必須遵守，後者則是運用軟性手法，降低課堂時間，強化課程設計，增加活動趣味性，提升學習成效，相信如果可以按照這些方向調整，勢必資深同仁與主管，將會非常期待參加新人訓。

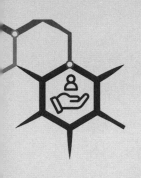

第三章

如何為員工設定有效的績效目標？

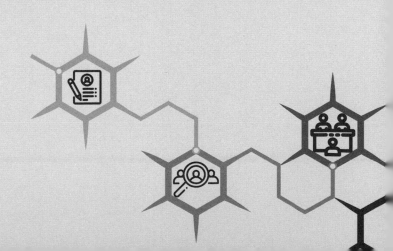

3-1 導入OKR績效管理工具是不是必要的？

有主管私底下跟我抱怨，我們公司CEO看到其他公司導入OKR績效管理工具，也想在公司導入實行，但我們公司是製造業，經評估後，其實並不適合，但又無法說服老闆，實在深感苦惱，如何判斷我們公司是否適合導入？評估因素為何？

每隔一段期間，就會有新的管理思想或者工具引進企業，自從英特爾在公司推行OKR成功之後，相繼Google或者美國矽谷公司也開始使用，台灣企業掀起一股旋風，許多企業都在評估導入實行的可行性。

市場上講授OKR課程的培訓講師，不一定有實務導入經驗，但課量滿滿，就可以看出市場火熱程度。

OKR就是績效管理工具的一種，不管是MBO（Management By Objects）目標管理、BSC（The Balance Score Card）平衡計分卡、KPI（Key Performance Indicators）

關鍵績效指標、策略地圖（Strategy Map）等，每一項工具都有發生時代背景，以及適合產業類型。

企業發展階段不同，員工屬性不同，適合不同的管理工具，但不管使用哪一種績效管理工具，工具就是一種輔助，最重要的是績效文化。

像是大陸早期是吃大鍋飯，為了改變員工行為，企業開始推行高績效、高激勵的企業文化，鼓勵員工多勞多得，辛苦貢獻，必有所得，形成一種狼性文化。

☑ 什麼是 OKR？

工具的選擇，必須考慮公司產業與員工成熟度。如果員工成熟度高，相對地所需要花費的管理成本就會比較少。**反之，員工成熟度低，選擇 OKR，就會相對辛苦，畢竟改變員工的工作思維與習慣，並不是一件容易的事。**

OKR（Objectives and Key Results），目標和關鍵結果，就是企業從上到下貫徹目標管理的一種方式，隨著企業規模日漸擴大，愈基層的員工，愈不清楚自己每天的工作內容跟公司目標有何關係？OKR 就是透過目標分解，讓每位員工都知道自己的每天工作跟公司目標的關聯性，讓員工覺得工作有意義。

一個主目標至少分解三個次要目標，每個次要目標有三項行動方案。目標設定採用

SMART（Specific、Measurable、Achievable、Relevant、Time-bound）原則，目標必須具體、可衡量、可完成、相關性、有時間。有兩大重點：

- **目標不在於多，而在明確知道彼此關聯性。**
- **在於關注如何完成，而非如何設定美好目標。**

以下是某朋友運用OKR績效管理工具，一個月成功瘦身五公斤的案例。

OKR目標設定與分解，並不困難，困難的是，如何讓員工對目標有感，願意為目標付出實際行動。

主要目標	次要目標	行動方案	完成情況檢核		
			綠	黃	紅
一個月成功瘦身五公斤	改變飲食習慣	1. 落實每餐少量多餐，五蔬果			
		2. 不吃澱粉類食物			
		3. 拒吃宵夜（過九點不食）			
	保持運動習慣	1. 每天日行萬步			
		2. 每周日到戶外健行一次			
		3. 每周到健身房二次，每次一小時。			
	定期公告與追蹤	4. 每天量體重，紀錄			
		5. 定期在 FB/Line 公告			
		6. 每天追蹤完成情況			

因此在制訂行動計畫時，必須由員工跟主管一起討論完成，由員工填寫預計如何完成的行動，設定計畫完成時間，再請主管協助評估可行性。主管的角色是分享過去經驗，提供相關建議與指導方向，協助員工制訂可落地的行動方案。

行動計畫就是要讓每天所執行的工作事項，都要跟主要目標具有高度關連性，落實日日追蹤的綠、黃、紅燈號檢核機制。（綠燈表示完成、黃燈表示完成中、紅燈表示無法完成）以便隨時了解目標完成情況。對於過於樂觀的行動計畫，無法執行時，皆可以適時調整目標與行動計畫。

當員工自主程度高，主管可以設定二周提交一次完成情況檢核表。反之，如果員工自主程度低，主管以每日追蹤方式，請員工提供完成情況檢核表，並時時關心員工是否有需要那些協助，才能確保最後執行成效。

最重要的是當一個月成功瘦身五公斤目標完成時，記得一定要給自己或者員工鼓勵，不管是吃頓美食，買點小禮物，創造儀式感，透過自我激勵，加強動力，形成習慣。

☑ OKR 不一定適合你的企業

製造業屬於按照標準流程的產業型態，長久以來員工大都是按照指令與流程做事。廣告行銷、軟體業、資訊產業等知識型產業，員工自主性強，工作靈活度與彈性度高，前者推行OKR，困難度比較高，在台灣也甚少聽到導入成功案例，後者則因為產業屬性與員工特性，借鑑於國外企業實際執行經驗，相對導入成功機率比較高。

目前在台灣新創企業、資訊軟體業，與NPO等非營利事業組織，也陸續導入OKR，執行成效不錯。

因此公司是不是適合導入OKR，應該由企業自己來判斷與評估，不需要盲目跟從。根據我的執行經驗，按照企業產業特性，製造業，建議採用『KPI』方式進行，初期以量化方式進行，等到員工成熟度高時，就可以採用『KPI+OKR』雙搭配方式進行績效管理。

新創、服務業、NPO（非營利事業），員工普遍年輕化，則建議採用OKR，加強員工對公司目標的認同感，強化目標與每日工作關聯性。

按員工屬性，知識型員工，例如：研發或顧問等自律程度較高工作內容，建議採用OKR。

不管採取那一種方式，都需要根據企業現況進行判斷，而非人云亦云，否則最後公司可能花了大量時間與金錢，卻得到員工的大量抱怨，一旦讓員工產生每次公司喜歡跟風，但卻執行不佳的印象，將不利於公司未來推動其他管理制度。

3-2 除了金錢激勵，還有哪些有效激勵方法？

常常有CEO或者主管詢問，除了金錢激勵之外，是否還有其他激勵員工更有效的方法，提高員工的工作意願？

談到激勵，大家首先想到的都是金錢激勵，但主管都會認為自己不一定有調薪權利，發放獎金金額也不是自己可以決定的。同時華人主管最不擅長的就是激勵員工，可能是從小在父執輩嚴格教養環境下，管理風格偏向內斂，即便是欣賞，也不太輕易說出口。

激勵的方法其實有很多，以下針對幾項常用的激勵方式，進行說明。

☑情感激勵

主管把員工當成自己的家人照顧，員工生日幫員工慶生，搬新厝一起到員工新家慶祝，讓員工感受宛如跟家人一樣的情感。相較於其他公司的工作環境氣氛緊張，充斥著勾心鬥角等不健康職場文化。情感激勵有時是員工願意跟隨主管的一種方式。

☑讚美激勵

這是主管最容易執行的激勵方式，主管只要願意，常常把「做的好，繼續加油」，掛在嘴上，當員工工作表現不錯時，主管就對員工說這句話，相信對任何一位員工來說，不論年齡與職務高低，都希望被肯定，能得到主管口頭肯定，工作士氣肯定大增，這份鼓勵就是工作動機來源之一。

☑容錯激勵

允許員工犯錯，鼓勵員工從錯誤中學習成長。

全家便利超商近幾年經營績效表現突出，推出很多具有創意的商品，這與公司內部塑造「容錯文化」有關，鼓勵員工提出創新想法與做法，一旦做錯，員工也不需要背負強大的責任，只需要記取教訓，避免下次再犯。

☑ 尊重激勵

鼓勵員工發言，表達自我意見的機會，願意聆聽員工的意見，尊重員工的想法與意見，並鼓勵員工勇敢執行，讓尊重展現在行為而非只是停留在言語。員工可以去除階級，直接跟主管進行平等溝通，表達自己的看法。特別是新世代員工，更喜歡平權式溝通模式更甚於權威式。

☑ 表揚激勵

當員工完成工作如主管預期時，最好的激勵方式，就是口頭表揚的方式，效益最好。把握一個簡單原則，人愈多，愈需要在公開場合進行表揚，讓更多人知道，成為更多人的學習模範。

☑ 授權激勵

給員工足夠的權利，可以自己做決定，就是最好的激勵。

大陸海底撈餐廳，如遇到客戶對服務不滿意時，站在為提供客戶服務滿意度的前題下，一線的服務人員具有免單的權利，讓員工可以自行做決定。

☑目標激勵

幫員工制定高挑戰的目標，當員工達到目標時，提供一定獎勵方式，鼓勵員工朝向高目標方向前進。

☑榜樣激勵

當員工表現很好時，不論是工作方法或者態度，除了在公開場合進行公開讚揚，也可以在部門內部做榮譽榜或者英雄榜，成為其他員工學習的榜樣。曾經在很多公司，都會看到每月優秀員工排行榜的張貼，就是為了達成此目的。

☑金錢激勵，並非萬能

公司所提供晉升、發獎金與調薪等金錢激勵，並非每人都有，也不一定時時都有，所以傾向運用非金錢的激勵，效用比較高。

我曾在某企業的課程中，與主管分享自己過去曾使用激勵的心法，例如，重大節日寫感謝函或者小卡片，表達內心對員工真誠謝意。重要的三節節日，請同仁吃下午茶點心，例如：端午節準備粽子，情人節準備巧克力，元宵準備湯圓等，就是運用節日，以應景美食，表達感謝之意。

過去因常常要到大陸出差，出差時隨身帶小禮物，或者帶當地特產，變成我的習慣，讓員工感覺到即使出差在外，心中還是惦念著他們，一份禮輕情意重的小禮物，感受到員工開心的笑容，一旦員工工作心情開心，工作氣氛與工作投入度，自然就高。

針對喜歡看電影的員工，贈送幾張電影票給平日工作辛苦的同仁，不定期買下午茶請大家品嘗，員工生日當天，鼓勵員工休假等這些方式，都是屬於非金錢激勵，主管只要用心，員工一定可以感受到主管的誠意。

☑ 新世代員工的激勵方式

有效激勵新世代員工，必須要有三感，就是自主感、歸屬感、效能感。

其中，自主感就是讓員工具有自我選擇的權利，讓員工可以自己做決定，養成員工承擔責任。歸屬感就是同舟共濟，與團隊成員有福同享，有難同當的情感。效能感就是要不斷地幫員工設定高的目標，讓員工透過不斷地挑戰自我而成長。

金錢激勵屬於短期效果，只有在發放的當下感受到激勵。非金錢激勵則具有長期的激勵效果。主管可以在平常工作場域善用非金錢激勵的方式，鼓勵員工，也可以跟員工溝通，請員工提出哪些激勵方式，是員工比較喜歡，主管比較容易執行，透過雙向溝通，主管提供員工喜歡的激勵方式，就能提高激勵效果。

3-3 獎金發放前，主管一定要跟員工溝通嗎？

曾有一位公司CEO提到這個問題，公司剛成立時，企業規模較小，員工人數不多，平均每位員工領到獎金會比較高，隨著公司日漸成長，員工人數日益增加，雖然公司營收有增加，但隨著員工人數增加，薪資總成本也逐年遞增，實際每位員工可以領到的獎金，反而有下降的趨勢。這時候要如何跟員工溝通？

☑第一，必須先確認年終獎金的類型

上述企業CEO所提到情況，指的是年終獎金，而非固定薪資。

年終獎金如果屬於營運獎金，意謂著公司根據當年度經營績效，提撥一定比例，分享給績效表現佳或者是對公司有貢獻的績優主管或關鍵員工。

如果屬於固定薪資，公司提供給員工聘僱合約書內就會詳細說明，例如保障年薪13個月或者14個月，其中1個月或者2個月是年終獎金，這時不管公司當年度經營績效如何，公司都要按照當初合約簽訂內容支付給員工，如果沒有支付，就違反勞動契約。

☑第二、清楚說明獎金類型與發放目的

員工今年實際領到年終獎金，不管金額是比往年多或者少，主管一定要跟員工說清楚講明白。到底獎金是如何計算出來？

主管說明的愈清楚，員工猜測機率也就愈低。跟員工說明的時間，必須在員工收到獎金前，同時說明這筆獎金名目為何？舉例來說，因為您今年度整體績效表現比去年佳，因此您今年度獎金總額，相較於去年，總金額將高出多少百分比。反之，如果員工表現比去年差，也需要明確跟員工說明與去年金額的差距，具體希望明年度做那些改善。

獎金發放，以激勵為前提，主要是獎勵對公司有貢獻或者績效表現佳的員工，讓主管與員工感受到公司誠意，願意與公司共同打拼，一同打造更美好的企業，這是獎金發放的目的。

面對面溝通，才能達到此目的。主管如果沒有事先溝通，沒有將公司發獎金的美意，讓員工知曉，一旦員工不理解，恐將產生更多誤解，形成反作用力。

如果屬於固定薪資，則屬於員工入職約定薪資條件，只要詳列明細發給員工，就可以達到目的。

☑第三、主管必須知道員工獎金計算公式

有些主管會提到，員工獎金要發多少，不是我可以決定的，可能我也不一定知道這個資訊，這時候應該如何處理？

這中間牽涉公司企業文化，多數台灣企業都認為薪資與獎金是保密的，不傾向讓很多主管知道，但有些企業則採用透明化管理，訂好規則，讓員工都很清楚，自己為何會領到這筆獎金，如果員工對於獎金有任何疑義，都可以直接跟主管或人資單位反應。

如果公司屬於前者，最好的方式，就是直接跟您的上級主管或者人資單位詢問，主管必須直接面對員工，把公司發放獎金精神以及如何計算正確地傳達給員工，雖然您不一定具有獎金決定權，但您有知道的權利。

☑第四、溝通時間必須在員工領到獎金前。

試想員工看到銀行存摺，或者網路銀行通知入帳的那一瞬間，員工會如何思考？

通常有兩種情況，第一種情況，如果領到年終獎金比去年多，可能臉上會帶有一抹微笑，工作認真付出工作，被看見，被主管肯定，付出與收入呈現正比。

第二種情況，如果領的金額比去年少，心中肯定會不開心，這時腦海中就開始浮現，公司今年業績完成情況為何，自己的努力情況為何，比較基準都是來自過去的經驗。

資訊如果不透明，員工認知肯定與公司有差異，這時候需要花費更多時間去溝通。如果發放金額不如預期時，更應該提早溝通，在員工領到獎金之前，取得員工理解。

☑第五、必須由直屬主管跟員工進行說明。

不論公司規模大小，獎金金額由誰決定，一定要請直屬主管跟員工說明，原因就是要塑造主管在員工心目中的地位，對員工來說，誰擁有獎金發放權，誰就是老大。

透過主管跟員工說明獎金金額，有助於日後主管對員工的任務安排。同時培養主管當責意識，承擔主管的職責，代表公司向員工說明，員工若對於獎金發放公式與金額有所疑慮，把員工意見帶回給上級主管或人資單位，而非只是把責任推給公司。

發放獎金，是為了激勵員工，如何讓員工有感，就是要透過主管溝通與傳遞，才能讓公司發放獎金的美意，效果加倍。

3-4 要求員工責任制，是合法的嗎？

身為主管一定常常聽到責任制三個字，不僅被CEO要求主管要落實責任制，同時也希望主管要求員工把工作帶回家，力行責任制，有些企業主是希望透過責任制，降低加班費，這樣做，到底是否合法？

責任制這一詞，想必大家一定不陌生，甚至曾有一陣子，竹科某位工程師爆肝猝死，新聞工作者直接在報紙標題寫上「都是責任制惹的禍」，那一陣子，就業市場上，風聲鶴淚，只要談到「過勞死」，茅頭全部指向一切是責任制惹的禍。

事實上，並不是所有人都適合責任制，是大家把責任制誤用了。

☑ 責任制的明確定義

責任制設置的目的，是為提供某些行業工作型態特殊員工的方便性，例如：經營管理、設計開發、創意發想與知識型產業的工作者，保有工作彈性，不受時間與空間限制為責任制。

責任制在台灣勞基法第84-1條，有明確規定：

- **監督、管理人員或責任制專業人員**
- **監督性或間歇性工作**
- **其他性質特殊工作**

上述三項工作者，都有明確地定義：

- **監督與管理人員是負責經營與管理企業的工作，並擁有一般勞工受雇、解雇或勞動條件決定權利主管級人員。**
- **責任制專業人員是從事專門知識與技術完成一定任務並負責成敗的工作者。**
- **監督性工作是指在一定場合中，以監督為主的工作者。**
- **間歇性工作指工作本身就是以間接性的方式進行者。**

符合以上工作條件的員工，企業主才能跟勞工約定，經主管機關核備後，才能生效，且不得損及勞工健康與福祉，否則約定責任制就是違法。

例如：廣受大家爭議的工程師，必須先確認工程師的工作類型與內容，如果是需要確保機台的運作順暢，必須24小時輪值，監督機台正常運作，有可能屬於責任制工作者，但如果只是在公司正常上下班照顧機台的工程師，就不一定符合責任制工作者規定。

除此之外，公司的主管，到底是不是責任制工作者？根據勞基法對於責任制工作者定義，只要是負責經營與管理企業的工作，並擁有一般勞工受雇、解雇或勞動條件決定權利主管級人員，都可能是屬於責任制工作者

☑責任制的工時如何設定？

責任制員工的工時規定：

- **正常工時，每天不能超過8小時，每周不能超過40小時，責任制約定後，可以超過時數，但有上限。**
- **延長工時，每天不能超過12小時，每周不能超過46小時，責任制約定後，可以超過時數，但有上限。**
- **例假與休息日，每七天有一天例假日，一天休息日，責任制約定後，可以變動，但需要加倍工資或補假。**
- **國定假日，國定假日，皆可以休假，責任制約定後，可以變動，但需要加倍**

工資或補假。

- **女性夜晚工時，原先女性員工晚上10點到早上6點不能工作，責任制約定後，可以進行變動。**

例如：連鎖餐飲業店長，因為工作性質，常常需要在外部巡店，並擁有一般勞工受雇、解雇或勞動條件決定權利主管級人員。如果超過正常工時，雇主依舊要支付加班費。而其工作時間，可以調整為連續工作14天可以提供兩天例假日，如果遇到國定假日，也需要提供補休或者發放加倍工資。

主管要確認是否責任制工作者條件，必須進行以下三個步驟：

- **確認自己工作內容是否符合監督、管理人員或責任制專業人員；監督性或間歇性工作；其他性質特殊工作等工作者。**
- **勞雇雙方以書面約定工作內容姓名、職稱、工作內容、權責、每天工作時間、正常工時、延長工時、例假與休息日、國定假日、女性夜間工作者可以從事夜間工作等。**
- **書面約定工作，到當地主管機關進行核備。**

當以上三點全都符合時，才能算是責任制工作者。

☑不符合規定的責任制

當雇主出現以下四個特徵時，就是違反責任制規定：

- **不適合責任制規範的行業，企業主或者主管要求使用責任制。**
- **只有口頭或書面文件，但卻沒有經主管機關核備。**
- **不依照合約，讓勞工超時工作。**
- **超時工作沒有依法提供加班費。**

下次如果CEO跟主管提出責任制時，主管可以跟雇主說明，並評估是否符合責任制規定，同時主管也不能在口頭上對員工濫用「責任制」這三個字，更明確知道責任制無法規避加班費，否則公司可能有違法之嫌。

3-5 主管是否一定要做績效面談？

每年到了績效考核季節，主管反應又要做績效面談，平常如果員工有行為偏差時，當下就會跟員工溝通，為何還要特地在績效面談期間進行溝通，這豈不是多此一舉？平日工作已經夠忙了，可以不用做嗎？

這樣的對話，每年只要遇到績效考核季節，就會聽到主管私底下的抱怨聲浪，人資單位總是不厭其煩，花時間跟主管詳加說明，特別是新任主管。

平日主管對於員工的指導大多採取口頭方式處理，在事件發生當下，趁著員工印象深刻的時候，提供相關指導意見，讓員工理解原因或者修正行為。雙方溝通的場合，可能是用餐期間在餐桌上交流，或者下班後同事聚餐的時候，也可能溝通場景是在辦公室一角，也可能在會議室的開會當下主管就現場指示，或者會議結束後。

溝通場景不一定相同，但對於員工來說，就跟平常一樣，這些日常對話，並非是正式溝通，這也是主管與員工產生認知落差的原因，最重要的是溝通當下雙方並沒有留下紀錄，無法確認溝通內容，哪些已經達成共識，哪些內容有待商榷，只要沒有白紙黑字，簽名畫押，日後都可能造成爭議。

績效共分為三個階段：

- **績效評估**
- **績效管理**
- **管理績效**

第一階段就是績效評估，主管針對員工績效考核周期整體表現進行評分，績效結果做為發獎金、調薪、晉升參考依據。

績效管理則是第二階段，在原有績效考核之外，增加績效面談環節，透過績效面談，縮短彼此的認知誤差，針對誤差，達成共識，過程中主管分享自己的經驗與看法，提供給員工參考。

第三階段則是管理績效，這是績效管理最高境界，如何讓員工願意為自己的績效目標全力以赴，除了績效獎金體系支持之外，有賴於主管管理威信與良好績效面談溝通技巧。

☑績效面談失敗原因

既然績效面談如此重要，為何在企業推行時會失敗？歸納總結為三層面問題，觀念面、態度面與技巧面。

觀念面主要是主管階級觀念強烈，以威權方式進行溝通，員工表面上聽從，心中卻不一定認同。特別是新世代員工，心中總會有不同的想法，喜歡有表達看法的機會，如果主管在進行溝通時，沒有運用引導方式讓員工表達自己的看法，看似溝通，卻不一定達到溝通成效。

態度面則是主管不重視與不認同，不知道為何要做，做了有何好處？大多數主管都屬於這種類型，因為不理解主管可以透過績效面談，與員工面對面溝通來達成共識，同時也是提供給員工一個明確工作完成方向。

技巧面，則是主管沒有具備績效面談的技巧。有些公司非常貼心，公司在進行績效面談的週期，都會貼心安排績效面談課程，透過課程，將績效面談重要觀念再次強化，透過QA解答主管心中的疑惑，提高主管的實作技巧。

這是我曾經在竹科幫一家大型IC設計公司上課獲得的經驗，該公司就是選擇在績效面談周期前一個月安排績效課程，不管對新加入公司主管或者新任主管，除了讓這些主管知道公司績效面談運作方式，對於現任主管對於現有績效考核和面談有所疑慮時，透過課程與老師的互動，釐清觀念，達到全公司主管互動學習的機會，一舉數得，值得大家參考。

☑績效面談解決之道

想要做好績效面談，首先主管在觀念面，必須放下階級與權威心態，真心願意與員工面對面溝通，傾聽員工無法達到原因，協助員工了解問題，指導員工改善績效或者提升能力。

態度面，主管必須理解並重視績效面談，願意在日常忙碌的工作中，花時間安排與員工進行績效面談，建議在行事曆直接安排。如果主管真的很忙碌，寧願時間縮短，也不能不做績效面談。願意改變觀念與改變態度，績效面談才會有意義。

技巧面則是只要主管願意學習與練習，外部不乏有很多績效面談的課程，公司也會提供相關資源，也可以通過跟其他主管交流與學習，學習方式多元，只要願意學習，肯定能夠提高主管的績效面談技巧。

☑績效面談目的是縮短誤差

績效面談的目的就是透過溝通，縮短主管與員工溝通誤差。

對於員工來說，可以透過與主管溝通，知道自己的工作表現是否有改善空間，對主管來說，藉由與員工溝通，提高員工對事物的認知，員工績效就是主管的績效，員工的績效表現愈好，代表主管的績效愈好。

績效面談屬於正式溝通一環，主管必須針對考核期間員工績效表現進行溝通，雙方逐一檢視績效目標，針對差異進行溝通，達成共識，最後雙方簽名，做為正式紀錄。

如果員工依舊無法改善，公司將執行績效改善計畫，制定明確改善項目、內容與改善時間，提供再一次機會給員工，公司依法進行轉調與培訓。

如果員工依舊不願意改善，按照勞基法規定處理，檢附相關績效面談的紀錄，確保程序合法性，如果沒有檢附績效面談紀錄就資遣員工，員工可以到勞工局進行申訴。

許多主管因為沒有按照勞基法處理，最後可能會站不住腳。

由此可知，績效面談跟日常溝通並不相同，相信主管已經能夠分辨兩者的差異，為了保護自己，也為了保障員工，主管都應該花時間進行績效面談。

3-6

初評與複評主管考核權重，何者為重？

每年只要到了年度績效考核的季節，就會聽到主管們說：「我的主管要我負責跟部屬溝通年度績效評核結果，內心真的挺為難的。我本來對員工績效考核評分很不錯，可是我的主管卻不一定這樣認為，常常我交給主管績效等級結果，最後被複評主管往下調整。」到底應該是我的績效考核結果為主，還是以複評主管為主？

以上的問題，就是績效考核中所稱的初評主管與複評主管認知差異的問題。初評主管指的是員工直接主管，複評主管則是初評主管上一級主管。

主管除了有以上的疑問之外，有時複評主管還會額外加上一句：「我是因為配合公司強制分佈的政策，萬分不得已才調整。」甚至有時還會把責任推給總經理：「績效評等的結果，都不是出自我的本意，都是來自上級主管的意見。」一副責任不在己的態度。但最後卻還要我跟員工溝通，當員工詢問原因時，我都不知道應該如何跟員工說明，實在感到很苦悶。

我也常常聽到某些公司執行長提起，以前公司規模小，員工人數不多，大家都在同一個辦公室上班，我可以輕易地喊出員工姓名，對於員工績效表現，多多少少，能夠快速掌握，打個績效分數，基本上不太困難，但隨著公司員工規模人數愈來愈多，年底進行績效評分時，我都不知道應該如何幫員工打績效分數，實在很困擾。

類似的情境與對話，是否也常發生在您們的公司？也可能是身為主管切身之痛？

到底是初評主管與複評主管的績效考核權重，誰應該佔的權重比較高？前後兩者的設計，又會對組織或者管理各自產生哪些問題，背後的管理思維又是如何？

基本上台灣企業大約有三種作法，第一種：初評與複評主管權重各佔100%。第二種，初評主管的權重佔比大於複評主管。第三種作法，複評主管的權重佔比大於初評主管。後面兩種做法，比重大約為60：40。

到底績效評分權重設計，應該偏向初評主管？還是複評主管？具體根據公司情況調整。

☑第一要素，取決於主管的成熟度

當公司主管成熟度高，績效評分通常會根據員工的實際情況，進行評價，對於員工績效表現自然有一套績效評估的標準，基本上第一種作法與第二種作法，都非常適合。但主管的成熟度如果比較不高時，則建議偏向第三種做法。

☑第二要素，取決文化

公司企業文化是以塑造主管，承擔責任，為自己評分勇於負責的文化，則建議採用第二種做法。

可惜的是多數台灣的企業文化，大多採取跟主管請示，以主管的意見為中心，做任何決定之前，大都會先探詢主管風向球，才敢做出決定，如此一來，就逐漸養成主管不願意與不想要承擔責任。

從近期台灣企業在公司內部大力推動當責（Accountability）文化，就可以看出端睨。根據「當責」一書的作者，張文隆先生定義，當責是：「負起完全責任，交出成果」。如果我們要培養主管為自己所做的事，負起責任，承擔後果。在設計績效評核的權重占比時，就應該思考將初評主管的權重高於複評主管權重。

如此一來，初評主管在進行績效評分時，就會謹慎對待，一切的評分，都是有憑有據，最終進行績效面談時，必須由初評主管與員工進行溝通，主管必須為最終的結果，負完全責任。公司應該授權給初評主管，讓直屬主管對員工績效評價結果負起責任，而非讓主管有機會將責任推卸給複評主管。

☑ 複評主管的角色是監督與平衡

複評主管權重設計，主要是避免主管因個人偏好或者主觀因素，在績效評分時，傾向某位員工，一旦發現初評主管有此行為時，複評主管可以透過權重評分，進行調整，以維持績效考核制度公平性。

如果初評主管可以公正地評估員工績效分數，複評主管就會非常輕鬆，只需要在績效考核評估表中，表示同意，反之，初評主管如果不夠成熟而且具有個人偏向性，複評主管則有機會進行調整，避免造成不公平的現象，同時讓初評主管知道，公司設計複評主管權重背後真正目的，初評主管的行為自然也就會慢慢偏向公平性。複評主管在背後所扮演的角色就是監督與平衡，讓績效評估結果與實際相符。

如果您是初評主管，下次遇到複評主管績效評估的分數跟您不同時，記得一定要勇敢地詢問，並清楚調整原因。如果調整理由，您抱持有不同看法時，一定要勇敢地發聲，列舉出員工相關行為事例，佐證事實為依據，並與複評主管討論，最終達成共識。

如果您是複評主管，遇到有偏向性的初評主管，或者遞交的員工績效評分分數都很相近時，就應該立即退回，同時一定要回饋給初評主管，進行不客觀績效評價的結果，對組織與員工會產生哪些不良的影響，引導初評主管進行思考，才能避免績效評分流於表面，而失去原先的意義。

企業如果想要推動當責文化，必須從績效考核的制度調整做起。權重設計，到底是誰的比例為重，應該取決主管成熟度與企業文化，這兩點思考清楚，答案就很清楚。

3-7 員工自評到底要不要佔權重？

每家公司都有績效考核表，其中在績效評分的欄位，通常會分為員工自評、初評與複評。除了初評與複評主管權重，到底誰的權重應該比較重要的問題，困擾著主管，另一個常被詢問的問題，就是員工自評是否也需要佔有一定權重？

一般來說，企業設計員工績效考核表的自評權重，通常採取兩種做法：

- **一種是不佔任何權重比例。**
- **另一種則是佔有權重比例，通常大約是20%～30%。**

每當我詢問該公司CEO或主管時，員工自評佔有權重的設計，希望達到目的為何？通常聽到的答案，不外乎都是公司參考其他公司的績效評估制度，或者是公司人資部門設計，至於為何這樣設計，背後具有哪些管理意涵，大家也都說不出一個所以然。

☑讓新世代員工可以為自己打分數

首先，我們需要回答設計員工自評的必要性。

常常聽到主管會抱怨，新世代的員工愈來愈難以管理，自我感覺良好，說多做少，有些則是口頭都說沒有問題，但私底下卻抱怨連連，相信若有帶領年輕世代員工的主管，一定有相同的感覺。

如果公司的員工年齡比較年輕，且人數偏多，員工自評的設計就屬於必要性，讓新世代員工透過自我評價方式，了解他們內心的想法，同時也要讓新世代員工有機會表達心中看法。透過參與式管理，塑造雙向溝通的環境，讓年輕員工有機會表達自己的想法與看法，降低彼此猜疑的機會。

☑自評佔比高時，會有什麼現象？

員工自評佔有比較高的權重，員工可能會有哪些行為？當員工自評佔有較高的權重，員工可能傾向將自評分數，打得比較高，自評權重佔的愈高，傾向性愈高，最終將會影響員工績效分數真實性，道理很簡單，員工認為自己無法改變主管對自己績效評價分數，但至少為自己績效評分爭取，以提高整體績效評分的分值。

員工會有這樣的思考與行為，合乎常理，但這並不是員工自評的設計本意。其原意是在同一個績效考核項目，主管希望知道員工對自我的評價，找到兩者之間落差程度。當某些項目主管與員工存在比較大的落差時，就需要在績效面談時做好重點溝通工作，以便降低雙方認知落差。

同時績效溝通結果必須進行績效紀錄，以便日後追蹤，特別對於自我感覺良好的員工，這樣的員工自評的設計更顯得重要。如果主管不清楚員工內心的想法，年輕員工又不願意表達自己的看法，可能導致績效評分失去意義。

☑ 員工自評和主管評分有很大落差時，怎麼辦？

如果發現員工自評分數跟主管的心中分數存在較大的差異時，正確的做法，應該是主管需要預約員工時間，進一步溝通與了解員工的想法，讓員工多說說自己的想法，以及為何給自己的打這樣分數的原因。

同時也需要列出實際行為事例，佐證其理由。將避免主管因為日常工作太過繁忙，忽略員工可能平常有做，但主管沒有看到之間的落差。運用這樣的方法，至少提供一個機會讓員工說明。如果員工自我感覺良好，這時主管就可以很清楚說明自己心中的想法以及所觀察到的事實，與員工進行充分溝通，相信最後績效評估結果，員工接受程度也會同步提高。

主管願意真誠回饋，提供自己的看法，才能引導員工朝向主管認為正確的方向進行改善。在績效面談時，只需要針對雙方有落差的績效項目，溝通重點明確，同時縮短彼此的時間，讓績效溝通效益更加彰顯。

☑當和員工溝通不順時，員工自評更重要

公司是否要設計員工自評的環節，取決企業的管理模式。Hersey Blanchard 情境領導提到員工成熟度，當員工成熟度愈高，主管領導行為，應調整為參與式與授權式。如果員工平常與主管的看法不同時，員工願意跟主管溝通，雙方在日常工作時，就已經達到共識，這時就不需要設計員工自評。

反之，主管與員工溝通比較不順暢，這時員工自評的設計，就能發揮實際功效。

溝通要順暢，關鍵是主管要願意跟員工溝通。如果主管願意放下權威，真心跟員工溝通，這時績效自評設計反而變成多餘。

3-8 從心管理，提升管理績效才會有效？

某公司主管詢問，每年度訂目標，老闆都會下達部門指標，我發現幫員工制定目標不難，但困難是如何引發員工自我驅動力，願意為自己績效目標全力以赴，每次溝通，都覺得很辛苦，不知道可以如何做，才能輕鬆當主管？

每年年底就是公司訂定公司年度目標的時候，一般來說，公司會在每年十月底或者十一月初舉辦策略共識營，首先由公司CEO針對明年度公司重點目標向主管進行說明，並請各部門主管針對今年度部門工作內容進行總結，內容包含部門做的好的項目與今年度沒有完成項目，分析其原因，。比較常用的SWOT分析（優勢、劣勢、機會、威脅），跟BSC（Balance Score Card，平衡計分卡）方式，進行公司明年度發展策略討論。

最後CEO與主管討論，確認明年度部門工作重點目標。

各部門則根據明年度需要完成重點工作內容，編制財務與人力預算。

具體每家公司採行方式，依每家公司規模與管理成熟度決定不同執行方式。經過幾次溝通與討論，最終確認各部門目標，這是公司年度目標分解到部門的目標的流程。

當主管對員工進行目標分解時，主管必須跟員工說明，公司每年的年度目標與策略方向是如何訂出來。當一級部門目標確認後，接下來就是分解到二級部門績效目標，特別是分解到員工目標的過程中，每位主管管理風格的差異，影響到執行成效。

有些主管以上級主管為理由，因為主管目標不能調整，強行請員工接受績效目標，員工對於目標接受程度，大都不是出自內心主動願意接受，而是被動勉強接受，試想如果一開始，員工就對目標不能接受，員工又怎會全力以赴完成績效目標。因此主管在傳遞績效目標時，傳遞方法必須有所調整，才會激發員工想要主動完成績效目標。

記得有一年我到天津出差，早上工作太疲累，晚上就跑去一家大陸知名大型足底按摩店，進行按摩，因為工作關係，我向來有一個習慣，喜歡跟各行各業的朋友聊天，聊天的內容，大多跟人力資源有關，例如：您為何到這家公司工作？想要留在這家公司原因為何？公司都會安排那些培訓？公司薪資福利如何？

隨機了解各行各業的底層員工想法，無形中增加自己的跨行業管理經驗，同時也可以聽到最真實的員工心聲。

我平常對於績效獎金設計特別感興趣，所以我針對這個議題，特別商請這位按摩師介紹，這位按摩師聽到我有興趣，就開始跟我說明：「這家店有30人，公司訂出每位員工一個月要完成服務100人次，每服務一人，可以得到10元人民幣當個人績效獎金。當月如果服務120人次，每服務一人，可以得到12元人民幣個人績效獎金。當月如果服務高達150人次，每服務一人，每人可以得到15元人民幣個人績效獎金。」

我愈聽愈有趣，這根本就是以績效為導向的獎金設計。接下來我又問，那公司是如何訂出這100人次／120人次／150人次三個目標層級？她提到公司從每月歷史數據做分析，發現可以完成100人次是全公司30人都可以輕易完成基本目標，大約有15位員工每月可以完成120人次的挑戰目標，只有表現最好的5位員工才能夠完成150人次的超額目標。

我心中一想，這家公司管理思想很先進，這可是目標設定最重要的一環，讓員工知道這些目標是可以執行的，而非只是公司訂出高額目標，讓員工感覺做不到。

而我又問下一個問題，為何您會知道如此清楚？這位按摩師跟我說，店長在跟我談目標值時，也很清楚告訴我這個目標是真的可以被實現，獎金是如何計算的，如果我每月服務多少人次，我就可以領多少個人績效獎金，同時店長也跟我分享他的經驗跟訣竅，並給我很多鼓勵，依照我的能力與付出努力程度，一定可以達到挑戰目標，未來一定可以完成超額目標。

主管還提到，如果當月店績效完成目標時，公司還會加發一筆團隊績效獎金，所以大家都願意為自己的目標而努力，當個人目標完成時，也願意幫助其他同事，完成目標，連帶地團隊目標也可能能夠完成。

我心中又一驚，這位店長做的真棒，**在進行績效目標設定，除了跟員工進行溝通之外，還會很清楚跟員工說明目標與績效獎金的關係，最重要的是還會分享主管的經驗，分析員工的能力，鼓勵員工努力完成目標。**

聽完這段對話後，我問了這位按摩師，這樣工作會感到很累嗎？她臉帶一絲疲憊但語帶開心說，不會，知道自己每完成一項目標，就可以多領多少錢，她覺得工作雖然很辛苦，但自己的努力程度愈高，可以領得愈多，知道自己而誰而戰，身體雖然疲累，但內心卻是豐盛且有意義。每當自己感到疲累時，只要停下來，休息一下，想想自己為何要選擇這份工作，就又找到努力的動機。

什麼是管理績效，就是員工願意從心中為自己的績效而努力，不需要主管在旁邊督促。以上案例就是最好的說明，除了績效獎金體系支持之外，我認為主管扮演最重要的角色，跟員工說明績效目標是如何訂出來，績效目標訂定三個層級，都是可以實現的，而且績效目標與獎金必須連動讓員工知道自己的努力程度愈高、付出愈多，所領到的薪資也就愈多，主管這時就不需要花太多時間去管理員工，管理績效只需要從心做起，主管就會愈來愈輕鬆。

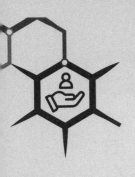

第四章

如何管理問題員工？

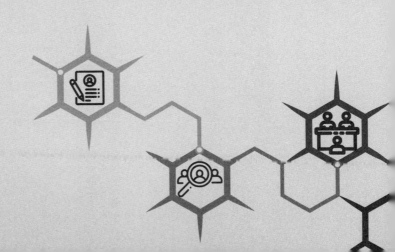

4-1

如何有技巧的面談績效不佳同仁？

主管常會反應面對績效不佳的同仁，很難開口，也不知道績效面談時應該如何談：

- **講得太委婉，擔心對方不理解嚴重性。**
- **講得太嚴厲，又擔心會傷到員工的自尊。**
- **但不面談，有些績效不好的人甚至會覺得自己表現不錯，自我感覺良好。**

主管常常感到非常困惱。

績效面談的技巧，是一門大學門，我認為做為主管，最需要學習的兩大技巧，一個是「面試技巧」（本書第一章），另一個就是「績效面談技巧」。前者是透過面試技巧，選對人才。後者則是用績效溝通技巧，用對人才。

員工在考核期間對自己的績效表現與完成情況，心中大多很清楚，績效表現優的員工，在主管進行績效面談時，往往不需要太費事，大多只要在口語方面，多肯定員工的表現，在行動上提供資源，同時與員工討論並制定下一個考核週期的績效目標，協助員工完成績效目標，就可以輕鬆完成績效面談。

面對績效不佳的員工，員工表現不如預期，這時候對於主管來說，就會比較困難，特別是管理經驗不足的主管，或者個性溫和、害怕衝突的主管，更是難上加難，原因是華人主管大都習慣與人為善，不喜歡當壞人，也不喜歡衝突，當員工與主管意見不同時，往往很難招架，如果管理經驗比較不足的主管，遇上説話得理不饒人的員工，基本就處於弱勢，完全不知道應該如何處理。

☑ 面談前，先分析員工的行為類型

建議主管在績效面談前，可以先從員工的行為做分析，大約分成四類：

- **感覺良好型**
- **責備自我型**
- **感恩他人型**
- **責備他人型**

感覺良好型覺得自己做的很不錯，沒有感覺自己需要改善。就業市場上，屬於這種類型的員工，有日益增加的趨勢。

責備自我型就是認為自己沒有做好，自己要多加努力，但可能找不到正確方法。

感恩他人型認為自己績效目標能夠完成的原因，全都是因為別人的協助，心懷感謝之意。雖然這樣很好，但可能缺乏分析自己為何成功或失敗的技巧。

責備他人型則對於自己績效沒有完成的原因，全部推諉給他人，都是因為別人不配合，導致我的績效目標無法完成。工作職場有類似行為的員工，充斥在我們的四周。

以上四種類型，最難處理的類型就是「責備他人型」與「感覺良好型」。

☑主管面談績效時要掌握的四大技巧

因此主管與員工溝通時，對應不同行為類型的員工，需要掌握四大技巧：

- **引導技巧：**
  - 如遇到感覺良好型，主管可以如此說：「您做得很好，除了自己的努力之外，也因為有其他人幫助，所以才能快速達標。」
- **強化技巧：**
  - 如遇到感恩他人型，主管可以如此說：「您有這樣的績效表現，更多是自身努力的成果。」

- **肯定技巧：**
  - 如遇到責備自我型，主管可以如此說：「您已經很棒，盡了最大努力，針對不足的地方，進行改善，下次就更棒。」
- **導正技巧：**
  - 如遇到責備他人型，主管可以如此說：「績效在完成過程中，不能只關心自己，也要協助他人完成。如果公司有制度不合理，可以提出建議。」

當主管與績效不佳的員工溝通時，面談前，心中必須先確認員工是屬於那一種類型。正式績效面談時，除了開場簡單問候員工，提供關心之外，過程中，建議主管詢問員工對自我表現的看法為何？目的就是先聽聽員工的看法，以便確保主管的想法是否與員工有所誤差。

一旦發現有有誤差，主管應該表達自己的看法，引導員工思考，找到員工績效不佳原因，是方法不對？態度不對？能力不足？最終主管也必須告訴員工最終績效評價結果。同時也需要告知員工，如果績效持續不改善，最後可能會進行績效改善計畫，但如果員工依舊無法改善，公司會依法處理，進行資遣，讓員工感受到績效或者行為不改善的嚴重性。

☑主管進行績效面談，並非只是要責備員工

績效面談時，主管最重要的工作，就是：

- **建立自信**
- **同理感受**
- **鼓勵參與**
- **分享經驗**
- **提供支持**

這五項行為，才是績效面談的目的。

主管運用績效溝通技巧，縮短雙方認知差異，共同為績效目標而努力。只要員工有意願改善，願意正視問題，大多數主管都會協助員工改善績效，但如果員工不領情，主管不需要過度擔心，也許員工在公司績效表現不佳，也許換到其他工作環境，員工也會找到自己的一片天空。

反之，如果主管不敢真誠地與員工溝通，不僅原先績效不好的員工不願意改善，也會讓部門內部其他同仁誤以為績效不佳也可以繼續留在公司，因此工作也不需要認真努力，形成部門不良的風氣，等到這個時候，主管要處理這些問題，將會增加處理困難度。

4-2 績效改善計畫PIP，一定要執行嗎？

很多主管一提到對員工進行績效改善計畫（Performance Improvement Program，PIP），心中總覺得有些害怕，一來不知道如何談？二來擔心是否真的跟員工談完之後，員工就一定會離職？

看來很多主管對於PIP的理解不一定到位，可能也不一定清楚，這可是主管必須懂的管理工具，簡單來說，績效改善計畫（Performance Improvement Program），簡稱為PIP，發生的時間點大約在每年績效考核完成後，人資收到主管績效考核結果後，人資單位會進行匯總，確保是否符合PIP的資格，並將名單呈報給總經理，經總經理審核通過後，人資單位就會請主管準備進行PIP。

到底什麼是PIP？當員工績效表現未達預期時，公司願意再提供一次機會，由主管與員工進行溝通，共同制定改善時間與計畫，雙方簽名，確保雙方對於溝通內容，達成共識。

為什麼要做？當組織中員工持續不改善績效或行為，工作意願也不高，能力也不足的情況下，公司必須提供給員工機會，進行改善，才能名正言順，依法處理員工。PIP是主管工具，員工行為有偏差，不處理，不面對，最後終將為主管的負擔。

☑誰要負責推動績效改善計畫？

誰負責做PIP？肯定是直接主管，由主管直接跟需要進行績效改善計畫的員工溝通。雙方進行溝通後，達成共識，雙方簽名，作為證明。

PIP的結果可以如何應用？綜合評估績效改善的結果後，可以分為：

- **列入觀察期**
- **延長改善期間**
- **工作確實不能勝任，調任、資遣等**

觀察期，通常主管看到員工具有強烈改善意願，先列入觀察期。

延長改善期間，則表示員工改善行為較不明顯，或者有些行為有改善，但部分行為尚未看到改善，主管有看到員工願意改善的意願與行為，所以提供延長改善的時間。

工作確實不能勝任，指的是當員工的工作能力不符合工作所要求時，就可以採取「調任」，提供給員工一次機會，調任到其他部門或者調整職務，或者培訓等方式處理。「資遣」則是當員工的工作能力不符合工作所要求，又完全沒有改善意願，只好請他另謀高就。

舉例來說，某公司績效管理制度，明確定義公司績效等級共分為A、B、C、D、E五級，公司針對績效為E的員工提出PIP計畫。也就代表該員工在績效面談之後，第一次績效結果為E，該員工就直接會進入PIP。週期的長短，取決公司績效考核周期。有些公司是季度、半年或者是一年。假設公司績效管理制度規定，考核周期以年為單位，連續二次績效考核結果為E，才會進行PIP時，即表示該員工如果連續兩年的績效考核結果為E，該員工才會進入PIP程序。

☑ 如何推動績效改善計畫？

PIP進行輔導溝通過程，其實跟績效面談相似，但最大的差別是：主管必須逐一列出績效改善項目，規劃改善方法，預計改善時間，每一條項目都需要員工共同討論解決方案，並制定改善計畫，填寫到公司制式的績效改善計畫表。

最後雙方要達成共識並簽名畫押，成為正式文件。其中最重要項目的改善內容必須客觀，改善目標必須明確，如果員工有缺失，也必須詳細記載。

例如：某家公司對入職一年的銷售人員的績效改善計畫表，如下圖。

假設績效改善計畫制定時間為三個月，大約三個月過後，需要請主管跟員工再次面談，由主管與員工逐一確認每一條績效改善項目的情況，主管根據員工改善情況，決定評估結果。

如果改善的進度不錯，該員工可以列入觀察期。如果該員工改善項目有一半未完成，通常主管會再提供一次延長改善機會，延長時間最多不超過三個月。如果員工沒有改善意願，主管也可以根據其無法勝任工作，進行調職與資遣等多種處理方式。

通常公司會提供給主管彈性選擇，但基於照顧員工的角度，大多數主管會選擇延長一次，也就是說，當員工第一次績效考核為E時，公司的績效考核周期為

某銷售人員的績效改善計畫項目

增加目標客戶拜訪數量	每月新增拜訪 3 位客戶，進行商機探詢
準時繳交銷售工作計畫表	每周準時繳交工作計畫表
銷售業績數字達標率	確保每月業績數字達標不低於 80%

半年，真正處理員工的時間，已經是一年之後，如果員工願意改善，站在公司立場，非常願意提供機會給員工，但如果員工持續不願意改善，就需要靠PIP機制，合法處理員工。

過去主管對於使用PIP處理績效不佳的員工方法，是否合法，表示存疑，經由以上說明，只要公司按照以上所述的方式進行，完全是合乎勞動法令。

最重要的是主管在此過程中，明確理解公司的本意是「**提供員工機會進行改善**」，並非員工一次績效結果不佳，就進行處理，正確地向員工說明公司推行PIP態度與立場，這是主管職責，學會PIP方法，從此主管不會被績效不佳的員工綁架。

4-3 不適任員工，可以立即請員工離職嗎？

有些企業主或者主管在處理不適任員工時，都會直接要求人資單位：「明天我不想再看到這位員工，請今天立即處理。」人資單位總是很無奈，跟 CEO 或者主管解釋，這樣恐怕違反勞基法，但主管往往屢勸不聽、堅決執行。

到底這樣的處理是否合法？對公司來說有沒有勞動風險？

☑ 對方是新人，還是現職員工？

這樣的場景與對話，可能從媒體雜誌上看過類似案例，也可能是發生在您的企業。這樣的處理手法，不僅粗糙，而且恐違反勞動法令，更容易引起勞資關係對立與緊張。

首先，必須釐清主管眼中的這位同仁，屬於哪一種類型員工，是屬於新人入職未滿三個月的員工？還是現職員工？

前者，屬於試用期內的員工，其實台灣勞基法並沒有試用期之說，員工只要入職企業的第一天，就是正式員工。但實務上，新人剛進公司，還需要一段學習與適應期，勞資雙方彼此觀察，萬一真的有爭議，相關單位也會從寬處理。如果新人在試用期三個月，表現不如預期，公司依法還是需要支付資遣費。為了避免勞資爭議，必須有檢附相關紀錄，讓新人知道為何不適任，而非主管感覺不適任，就請員工離開。

後者，如果是已經任職在公司一段期間的現職員工，如果企業想要資遣員工，卻不想要支付預告工資跟發放資遣費，必須先釐清是雇主問題或是勞工問題。

☑ 釐清資遣原因在於雇主嗎？

如果屬於雇主問題，根據勞基法第十一條明確規定：

1. 公司歇業或轉讓時。
2. 虧損或業務緊縮時。
3. 不可抗力暫時工作在一個月以上。
4. 業務性質變更有減少員工之必要縮減，但沒有其他適當的工作可供安置。
5. 員工對於所擔任工作不能勝任時。

如果屬於以上所述的五大原因時，雇主都必須支付預告工資跟資遣費。

只要是雇主原因，都需要相關佐證資料。舉例來說，近期受到疫情影響，企業營收驟降，公司開始調整組織，精簡人力，幾個部門開始進行整併，如果公司是以勞基法第十一條第四款：「當公司業務性質變更有減少員工之必要縮減，但沒有其他適當的工作可供安置作為處理依據時。」公司必須提出相關證明，像是公司連續三年的營收數據做為比較，確認公司今年度營收有明顯下降趨勢。同時公司又沒有適當的職位可以安排。

這時必須事先跟員工溝通，取得員工的諒解。如果確認要解雇該員工，主管應事先通知員工，並在十日前，請人資單位發出資遣通報給當地主管機關，依照規定計算資遣費與預告工資。

員工這段期間，如想要外出謀職，法令明確地規定，提供員工一周有兩天謀職假，讓員工外出找工作。（註：資遣費計算分為新制與舊制，新制按勞工工作年資，每滿一年發給二分之一個月的平均工資，未滿一年按比例計算。）

☑釐清資遣原因在於勞工嗎？

如果屬於勞工問題，根據勞基法第十二條明確規定：

1. 訂立勞動契約時，使雇主誤信而有受損害者。例如：員工欺騙雇主方式錄取工作，像是在面試時提供假的學歷資料，或者未曾任職公司卻提出曾在公司任職。

2. 對於雇主家屬、雇主代理人或共同工作勞工實施暴行或重大侮辱之行為者。
3. 受有期徒刑以上刑責之宣告確定，而未諭知緩刑或易科罰金。
4. 違反勞動契約或者工作規則，情節重大者。
5. 故意損耗機器工具、原料產品或其他雇主所有物品，或故意洩漏雇主技術上、營業上秘密致雇主有損害者。
6. 無正當理由連續曠工三日，或一個月內曠職六天者。

以上幾點，不需要支付預告工資跟資遣費。

如為勞工因素，更需要相關佐證資料，舉例來說，新世代員工可能動不動就請假，不來公司上班，如果發現員工無正當理由連續曠工三日，或一個月內曠職六天者，公司必須佐證員工出勤紀錄，確認主管有跟員工溝通，並留下紀錄，如溝通無效，公司就可以直接資遣員工，不需要支付預告工資跟資遣費。

☑要請員工離職，必須依照法令執行

從以上說明，雇主不能隨意請員工離職，雇主如沒有按照勞動法令處理，員工可以到勞工局進行申訴，經勞動檢查後，如經屬實，公司將依法繳交罰鍰，這時候不單單是罰款問題，進而可能影響公司商譽。

在勞工意識抬頭的今天，任何資訊都能在網路中搜尋，特別是品牌公司，更要小心處理，否則將會影響企業形象。

雇主的態度，員工都看在眼中，一旦失去客戶與員工的信任，事後再做任何的挽救，都將無濟於事。

4-4 員工經常遲到早退，能用扣薪方式處理嗎？

許多企業CEO或主管，對於年輕員工經常遲到早退，感到很頭痛，特別是遇到屢勸不聽的員工，頭痛指數加倍，有時候運用扣薪方式，初期有點成效，但後面故態復萌，到底可以如何處理？

新世代員工遲到，早退的現象，愈來愈嚴重，相信是所有主管心中共同的苦，用人單位主管似乎只能從「好意規勸」的方式進行，反應給人資單位，大約也就從制度進行規範，事實上，執行效果有限。

如果遇到自律程度高的員工，遲到或因事需要早退時，員工自己會按照公司上下班規定進行請假處理，如果身邊有這樣的員工，那真是主管的福氣。

有些企業，經營型態屬服務業，例如：門店現場工作服務人員，需要準時到工作現場，提供相關客戶服務。有些則是工作屬性，例如擔任總機或者業務助理等工作，因職務需要，需要接聽電話。一旦員工常常上班遲到早退，養成不良的工作習慣，對主管或者同事將產生不少的困擾。

但是，如果主管處理過度，制定嚴苛懲罰規定，肯定引起員工的不滿。如果主管處理方式採取睜一隻眼，閉一隻眼，消極方式處理與因對，可能會產生群體效益，帶動其他員工效法，這對於主管來說是一大管理挑戰。

☑要注意！預扣薪資是違法的行為

許多企業會制訂「遲到早退者，每遲到幾分鐘，就扣多少錢方式」處理，這樣的處理方式，短期間或許可以達到嚇阻的效用，但對於皮皮的員工，卻不一定有效。而且公司還會違反勞基法。

根據勞基法第二十六條規定，雇主不得預扣勞工薪資作為違約金或賠償費用。企業如果要採用預扣薪資方式處理，上下班遲到早退的要求與公司獎懲規定，都必須：

- **明訂在勞動契約或者工作規則**
- **同時必須經主管機關核備**
- **工作規則也必須公開揭示**

如果以上三者沒有齊備，都可能違法勞基法。

以扣薪約束員工行為方式，看起來挺合理的，但除了違法之外，還可能造成員工心中的不滿。

工作規則中明訂「員工應該準時上下班，依公司規定上下班時間刷卡上班，如果有遲到早退的情況，根據公司獎懲相關規定，進行警告一次，遲到早退時數除了不計薪之外，如遲到早退情節重大者，經多次溝通依舊無法改善，將視員工實際情況給于降薪。」如果公司沒有在工作規則中明訂，當面對勞資糾紛時，雇主不容易站住腳。

☑四大解決方法，協助員工改善遲到行為

除了明訂在工作規則之中，運用制度來進行規範之外，其實解決方法有很多種，建議您可以這樣處理。

1. 分析員工遲到原因

首先主管應該與員工對面對溝通，徹底了解員工遲到早退的原因，是因為個人習慣，沈迷於電競遊戲，廢寢忘食，導致早上爬不起來。

遲到行為是屬於外在不可控因素，或是人為可控因素。

2. 提供解決方案建議

如果是屬於人為可控因素，例如是交通問題，提早出門，或者與住在附近的同事，一起共乘。

如果是早上爬不起來，則可以請同事協助進行Morning call。如果是晚睡型，只能早點休息，或者改變作息，從夜貓族變成為晨型人。

3. 運用同儕力量，調整行為

把會議時間安排在早上9:00，如果員工遲到，也會不好意思走進會議室，也可以請同事分享自己是如何準時上班不遲到，為了不在同儕面前丟臉，多數員工會願意調整自己行為。

4. 從員工利益著手

向員工說明，遲到可能會對其他同仁，造成哪些不方便，也會影響工作安排。同時明確告知員工，對年底績效考核可能會產生那些影響。

將遲到早退的工作要求，制定在工作規則或者勞動契約中，只是最後的一道防線，**身為主管最重要的是改變員工行為**，讓員工清楚了解如果不改變遲到早退行為，在公司發展會受到限制，也可能影響未來職涯發展，這才是主管最重要的工作。

4-5 員工常常臨時請假，主管應該如何處理？

常常有主管會詢問，員工請假，我可以不准嗎？因為有些員工，都是臨時請假，搞得主管很被動，工作沒有辦法安排，人員也無法臨時調度，影響到工作，所以每當員工要請假，主管很想拒絕，但又不一定敢拒絕，主管內心就很糾結，不知道應該如何處理？

這樣的情況，在台灣其實很普遍，也是主管心中的疑惑。有些員工甚至用 Line 通訊軟體進行請假，臨時早上發出通知，認為只要有告知主管就可以，也不管主管是否同意，就不去公司上班，這完全不合乎請假規定，主管也沒有提醒員工，員工誤以為有通知就是代表主管准假，只是通知，並不代表主管准假，這是員工與主管最大的認知差異。

有些員工甚至不請假，直到主管詢問為何今天沒有到公司上班時，員工才會說出因為某些原因，如肚子痛、月經痛等，所以要請假，等主管詢問後，才說明今天要請假原因。

看到這些訊息，主管的心臟要很大顆，主管愈來愈難為。

首先，要確認員工請假理由為何？是真的生病？還是偷懶？前晚趕赴Party，玩樂太晚回家？或者晚上跟朋友上網玩遊戲，導致隔天爬不起來？如果是屬於前者，可以觀察員工發生頻率，例如：生理假每次的前後週期，病假真實發生情況，或者請病假，檢附醫生證明或者提供藥袋，以茲證明。後者則屬於個人行為，主管需要進行規勸，並且協助員工調整行為。

☑主管要了解各種請假法令規定

第一步主管必須對勞動法令規定的事假、病假、生理假的相關規定，有初步基本了解。

根據台灣勞基法規定，員工有事必須親自處理，每年提供14天無薪事假。病假則是員工一年可以未住院請病假30天，公司提供減半薪資，超過30天不給薪。住院與未住院兩年內不得超過一年。

依照性別平等法第14條第1項規定，女性員工因生理日導致工作有困難，每月可以請生理假一天，全年請假天數未逾三日者，不併入病假計算，超過三日者，則併入病假計算。

不管是否併入病假，薪資減半，且員工請生理假，不能作為缺勤扣全勤獎金或者績效考績的不利處分。

病假與生理假，都有相關法令作為支持，其中病假，可以要求員工提出醫生證明，事假則有天數的限制。

☑ 勞動契約要有請假相關規定

第二步，確認員工入職時所簽訂勞動契約與公司工作規則中，有沒有明確說明請假相關規定。

一般來說，企業內部制定工作規則或者請假管理辦法，都會詳細記載請假天數與相關規定，員工請假都必須經主管同意後，才算完成請假程序。

事先可預知的事假或病假，超過三天連續事假，員工應該在一個月前提出申請。未達三天的連續事假，可以在二周內提出申請。如果只是單一天事假，可以在請假前一天提出申請。

當遇到無法預知情況的病假時，臨時請假者必須在事後發生後三小時內進行請假單申請工作，病假需要提出證明等，確保公司請假程序，都有明確規定。

☑主管要主動跟常請假員工溝通

第三步，主管要預約員工時間，關心員工真實的情況，適度給予說明與協助。員工請假頻率多寡，很容易觀察員工現階段的工作狀態，如果員工連續一個月或者這幾周的請假頻率比較高，這時主管需要多加注意，可能員工請假外出面試或者從事其他兼職工作，主管只需要在工作中多加觀察，很容易發現端倪。

一旦發現員工請假頻率較高、工作比較不上心，常常上班滑手機，在人力銀行開放職缺、常常上網瀏覽其他公司的職缺工作等現象時，主管應該立即處理，與員工約定時間，了解員工近期工作情況，看看是否可以提供協助。主管及早關心與提供協助，也許有機會可以挽救員工原本想異動的心。

如果發現員工有兼職行為，例如上網拍賣，在上班時間處理商品的事物，主管應該明確地跟員工說明公司對於兼職相關規定，以免員工觸犯。

員工請病假或者生理假的請假頻率過高，每月1～2次大約屬於正常行為，但如果太高，這時主管應關心員工身體狀況，並視情況減少員工工作安排，同時也要提醒員工有關病假與生理假的請假天數以及薪資半薪等相關規定。

有些剛出社會年輕員工對於病假只給付半薪這件事，不一定知情，建議主管還是跟員工做一次說明，以免造成雙方誤解。

員工如不按照工作請假規則與程序，提出請假申請，這時候主管就有立場不同意，駁回員工請假單申請。有些主管在員工第一次沒有按照公司請假規則請假時，主管通常會願意提供員工一次機會，同意員工請假，跟員工說明，但下不為例，此舉主管不僅提供員工方便，也得到通曉人情世故但卻不隨便破壞規則的美譽。

4-6 員工請長天數特休假，主管一定要准假嗎？

主管常會遇到員工請長天數的年假時，總是很頭痛，擔心員工請假後，臨時有事情需要找員工處理，無人可以支援。主管想婉拒，又擔心員工有意見，不知道應該如何處理？

大多數本土企業的老闆或者主管都不喜歡員工請假，總停留在常請假員工，就是對工作不上心的刻版印象。反之外商企業，則是鼓勵員工，有計畫性進行休假。

為何本土企業與外商企業會有如此大的落差？

☑ 部門非你、非他不可，是好現象嗎？

台灣勞基法針對特休假天數進行相關規定，依照員工入職年資，提供不同天數特休年假，員工請特休假是法定權益，主管一定要履行。當年度員工沒有休完的年假，人資單位需要在年底前完成結算，折算成現金匯款給員工。

除了勞動法令的特休假天數規定之外，外商企業為了提供給員工一個健康快樂的職場，讓員工在工作與生活之間取得平衡，如果員工安排比較長天數假期，只要把工作安排妥當，主管通常准假機率居高，只要員工事先把工作安排好，員工休年假，是員工權益。

當員工休長天數假期時，正可以觀察該部門代理人制度是否完善的好時機，當員工休假回到工作崗位時，工作內容絲毫不受到影響，代表這個部門不會因為員工休假就產生工作斷鏈情況，也代表如果有人員異動，部門運作也不會受影響，降低人員異動對工作所產生風險，也逐漸減低員工非您不可的現象。

當公司不會因員工異動，而有所影響，是內部管理完善的觀察指標。

反之，台灣本土企業則是讓主管養成自己很重要心態，即使是休假時，也是帶著筆記型電腦，一同去度假。首先，是讓老闆安心，散發出老闆可以隨時找到我，我隨時處理公事，讓老闆安心。第二、就是不信任感作祟，因為身為主管常常有多張表單需要簽核，擔心委託代理人進行簽核，未來會引發未知管理問題。第三、創造自己很重要，在公司具有獨一無二的假象心理。

我還記得有一次我到日本某山區渡假，我在餐桌上跟台灣老闆開視訊會議，眼睛望著窗外富士山景色，手中正在處理電子郵件，同時掛心台灣各項工作專案進度，會議結束後，正在旁邊整理的民宿老闆轉過頭來對我說：「休假應該要好好休假，怎會還來這裡開會。」

聽畢，我才驚覺，美其名是休假，但心中並沒有真正地放下工作，長期工作壓力之下，對身心來說並不一定是好事，積勞成疾，最後反而影響到健康。

其實就是自己沒有放過自己。休假就應該好好讓自己休假。後來明白這個道理後，我也會鼓勵員工盡量早點安排休假，大家可以相互支援，讓彼此都擁有好的休假品質，皆大歡喜。

☑鼓勵員工安排有計畫性的休假

近期，某家企業執行長曾詢問我說，他的公司某部門員工跟另一個部門同仁，兩人相約一起請10天年假，又多請幾天補休，為期總共二周，兩人相偕去環島，行程與飯店交通都已經安排預訂完成，大約出發前兩周，才提出假單，跟主管請假。

兩個部門主管分別考慮後都同意該員工申請，而且這兩位不同部門的員工，都把請假單拆分成兩張，依照公司簽核流程規定，因為請假天數未超過14天，因此執行長不需要進行簽核。所以執行長一開始並不知道兩位不同部門的員工，同時請假去環島這件事。

原先執行長打算請主管駁回兩位員工申請的假單，但事先詢問我的意見。於是我詢問執行長不同意的原因，主要是執行長認為兩位主管為人善良，喜歡當好人，一下子就答應員工請假申請，工作安排可能會產生問題。

我進一步詢問執行長說：「最後您是如何知道的？他提到是因為兩個部門開會，安排相關工作時，主管才提到兩位員工分別請假的事宜，執行長是全公司最後才知道。」我聽完整個事件描述後，分別與兩個部門主管溝通，主管分別提到，已經充分評估過員工請假期間對工作影響程度，而該員工請假期間，部門同仁也會相互支援，最重要的是兩位主管都同意員工應該趁年輕的時候，出去環島，挑戰自我。

經過與主管溝通後，我跟執行長提出建議。首先，員工請特休，是員工的權益，法令有明確規定，站在公司立場，我們無法不准假。

第二，如果您覺得員工提出請假申請的時間太晚，未來可以在公司請假規定中明確載明，請假多少天，必須在多久前提出假單，經主管核准後，請假才算被許可。如果您認為員工分別使用兩張請假單進行送簽工作，導致您是最後才知道請假資訊，這時建議更改請假簽核流程，不論員工送簽幾張請假單，只要請假單合併超過請假天數時，都需要經過執行長簽核同意後，員工請假行為才能成立。

第三，由於兩位員工分屬不同部門，相偕出遊，也是同事情感佳的表現，兩人出門相互照應，比較令人安心，而且兩位主管都已經經過事先評估，員工請假期間，對工作不會有太多的影響，如果真的有影響，同事之間也會相互支援。

執行長評估後，最後同意這兩位員工請假單申請。

- **於法，員工請特休假，這是員工的權益。**
- **於理，員工只要符合公司請假規定，都應該核准。**
- **於情，基於照顧員工身心健康，讓員工適度休假，休完假期，充飽滿滿電力，再回到工作崗位，反而可以創造更高工作績效。**

下次主管如遇到員工請長天期的假期時，只要情理法，三者兼具，主管就安心按下同意鍵，同時寫下一句鼓勵的話：「好好休假，期待充飽電的您，回到工作崗位一起打拼。」相信員工不僅會很開心出遊，也會贏得員工的心。

4-7 末尾淘汰的制度，真的一定要執行？

常常在上課時，總會有主管詢問，我們公司正在推行末尾淘汰制度，我真的很苦惱，我的員工都很不錯，而且都是我招募進入公司，也是我一手辛苦培養的同仁，如今公司強迫我提交最後的5%員工，進行末尾淘汰，我實在下不了手，最重要的是我真的沒有名單可以提交？到底要如何處理？心中真的很困惱。

這個問題是所有台灣企業目前推行末尾淘汰制度的主管，心中共同的疑惑。

除了以上的問題，有時主管還會說，如果員工不優秀，工作表現不如預期，我們早就會處理，像剛入職未滿三個月員工，只要不適任就會請員工離職，實在沒有多餘人選可以提供給人資部門。

曾有主管提出，我們公司用人向來精簡，本來人力就不足，如果這些員工離開，可能會影響部門工作的完成，如果人資單位一定要執行末尾淘汰的制度，請問這時應該如何處理？

任何公司制度的推動，必定有前因後果，首先我們要了解，公司為何要推動末尾淘汰的制度，背後的原因為何？如果公司一定要推動，身為主管的我們，應該如何做？

☑員工表現其實一定有高低之分

長久以來，許多企業在年終打績效考核分數時，主管都習慣當好人，為了避免日後遇到難以溝通的員工詢問，同時為了省事，也為了避免麻煩，最好的方法就是在打分數時，乾脆讓自己所管轄員工的績效考核分數都差不多，**而這個差不多績效分數，表面上看起來省事，實際上對於認真工作的員工，非常不公平。**

如果大家的分數都差不多，在分配績效獎金時，肯定偏向平均分配，結果造成原本很認真工作且績效表現不錯的員工，實際上所拿到的績效獎金，跟工作認真程度與績效表現一般的同仁是一模一樣，最終可能會產生劣幣驅逐良幣的效應，公司留不住績效好的員工，反而造成人才流失問題更加嚴重。

再者，倘若公司有職務晉升的機會，必須以績效考核分數作為提交的參考，這時，部門同仁如果績效考核分數都差不多，意謂人人有機會，這時主管反而更難以處理。

正因為大家分數都差不多，為何要提交的名單卻不是我，更容易造成員工內心的不滿，加速員工的離去。

為了解決以上的問題，企業才會推行末尾淘汰制度，強迫主管在提交績效考核分數時，就必須在群體中分出相對表現好與相對表現差的員工。

相對的概念，就是主管心中的那把尺，不管分數高低，可能會有些微分數之差，但排名前跟排名後的次序，可能分數差距微乎其微，但都是主管心中的排序，每一位員工的總體績效表現，直接主管最清楚，透過制度推行，強迫主管，當一位勇於承擔的主管。

☑大家都很努力，但一定有競爭

每一位員工都很努力，但我們需要的是相對比較，更何況末尾淘汰制度並不是一次定江山。

通常不會一次提交名單後，公司就會進行末尾淘汰。一般來說，公司績效管理制度會明確規定，連續兩次，才會進行末尾淘汰，端看企業的考核週期而定，有些公司是以一年為單位，有些公司是以半年為單位。

不管時間周期的長短，公司真正想要達到的效果，員工是否有認知自己需要改善之處？是否有想要改善的意願？才能保有免於被淘汰命運。

如果員工持續不改善，過去主管大都莫可奈何，這時候可以善用末尾淘汰制度，跟員工說清楚講明白，為何您會給員工打這個分數？員工需要改善的地方為何（結合前面的績效改善計畫）？如果不改善，公司又會如何處理？如果績效表現好，公司又會提供那些獎勵？

主管真心是為了員工好，希望看到員工持續進步，刺激其他同仁，持續改善，在組織中形成良性循環，這才是推行企業末尾淘汰的制度，最重要的目的。

如果員工持續不改善，公司也會因應相關制度進行PIP員工績效改善計畫，給員工機會與時間進行改善，雙方簽名，公司也會視員工情況，安排相關培訓與轉任其他職務，一切的處理，按照勞動法規處理。對於不願意改善的員工，留在組織中，不僅對公司沒有幫助，也會造成組織持續僵化。

聰明的主管，應該善用末尾淘汰制度，讓部門內員工動起來，讓不願意改善的員工，遠離公司，組織能量才能因此活化。

第五章

如何留住優秀員工？

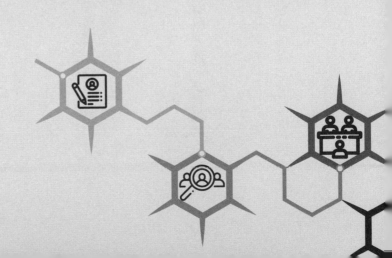

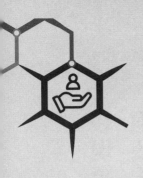

5-1 表現績優員工提出離職申請，應該如何處理？

好不容易培養的一位員工，從原來學校剛畢業的生手，經過一年培育，逐漸培養到可以獨當一面的熟手。結果這些表現不錯的員工，卻提出離職申請，內心實在很困擾，我應該如何處理？

很多主管遇到這樣的情況，心中總感到有些傷心，紛紛感嘆現在的員工沒有一顆感恩的心，為何這些員工總會在我辛苦培育之後就離職，莫不感嘆花時間培育人才，非常不值得，還不如挖角有經驗的人才，才不會傷心難過。

這樣的情境，在您擔任主管的時候，一定會遇到，而且花愈多時間培養員工的主管，所受到的傷害愈大。當面對這樣的問題時，我通常會向主管提出幾個問題，提供主管進行思考。

- **當這位員工是一位生手的時候，您提供給他的起薪是多少？**

- **當員工學會這些技能時，員工的薪資可以調整到多少？調薪幅度通常是多少？**
- **如果這位員工績效表現不錯，除了固定薪資之外，又可以領到多少獎金？**
- **如果這位員工持續在您的部門工作時，又可以學到那些新的技能？工作會有那些變化？未來的職涯發展又會是如何？**

☑先問我們可以給績優員工多少薪資調整？

聽完我的一連串的問題後，主管給了我明確的答案：

- **如果是大學剛畢業，按照就業市場行情大約 28K～32K。**
- **如果是公立大學相關科系，肯定就可以到達 32K～35K。**
- **如果是公立大學研究所相關科系，肯定薪資就可以到達 38K～45K。**
- **具體要根據他的工作所在地以及他的職務類別而有所不同。**

如果是社會新鮮人的畢業起薪，大約會提供跟就業市場差不多薪資水準。但如果是有經驗的人才，肯定會按照人才的薪資要求，學歷與經歷，進行核薪。

社會新鮮人剛開始進入職場，尚在學習階段。薪資的談判空間，本來就不大，每一位新鮮人都心知肚明，因為這是學習成本。但有經驗人才的薪資差距，隨著公司知名度、能力與績效，而有所不同。

以社會新鮮人的薪資28K到30K為計算標準，假設每年公司平均調薪為5%，意謂著調幅後薪資，只會比原來的薪資增加1400元到1600元。如果從生手到熟手，新人已經可以獨當一面，但薪資卻只能多增加1400元到1600元。

這時候，可能轉換工作或者跳槽到其他公司，新人可以調整的薪資幅度，將會比原公司的調薪速度快很多，這個道理大家都懂，那為何還要眼睜睜讓人才流失？

關鍵在於過去大家都是按照這樣的方式調整，如果為這位新人開了一扇窗，可能擺不平內部員工，恐造成更多管理困擾。

主管為了避免困擾，所以不願意改變，但是如果不改變，真正損失是主管。

☑培訓的成本大於薪資的成本

我建議主管要積極思考，如果員工離職，這一年的整體培訓成本與相較於薪資差距5%的調幅，前者的損失成本更多。

假設每個月增加1400～1600×12個月，增加的薪資總成本大約是16,800

元到 19,200 元。

如果該員工學習能力強，一年之內就可以變成熟手，薪資調幅應該採用階梯式調薪法，剛進公司時，與外部市場呈現中位數，我們俗稱 P50，簡單來說，就是跟市場相同的薪資金額。

如果員工滿一年之後，就應該拉大與市場之間差異，例如就業市場平均調幅為 5%，您應該至少從是 8% 到 10% 做為調薪基準點，這樣才有機會留住好不容易培養的人才，公司也才可以避免成為黃埔軍校，專門培養人才給其他公司使用。

☑ 績優員工真正在意的是什麼？

如果是有經驗且績效表現優良的人才，提出離職申請，這時主管需要回到他目前的薪資水準是否有調整空間，如果沒有，應該拉大績效獎金的幅度，而非只是調整固定薪資。

固定薪資只是保障，但卻無法達到激勵的效果。績效表現績優的人才，需要的是舞台與發展空間，對於薪資的期望，則是希望能隨著績效表現愈好，薪資呈現更高幅度的成長，而非只在乎每年些微的調薪。

除此之外，這些績優員工更重視主管對於他們的未來職涯發展規劃。

不論是有無經驗的人才，對主管來說，最好用的時間，都不是剛入職的時候，而是培養之後的第二年。真正對組織有貢獻，可能是在第二年或者第三年。

大陸企業對於人才的思維，敢給也願意給的做法，時有耳聞，這也是大陸企業快速增長的原因，因為企業願意給，形成狼性文化，大家願意衝刺與付出，因為努力付出，就會有所得，靠制度留才，而非靠情感留才。

此外，大陸企業主從不認為人才會永遠跟公司一輩子，如果一位人才，願意跟企業一起成長，那是幸運，但如果員工離職也不會影響他們對於人才的投資，因為只要人才願意在企業任職期間，貢獻所長，就已經值得。

下次主管如果遇到績優員工提出離職時，應該考慮改變思維與積極作法，就能留住人才。

5-2 員工離職的真正原因是什麼？

每當員工提出離職時，人資單位總會請員工填寫離職申請表，當每收到員工所填寫的離職原因，卻發現可能不一定是真實原因，相信擔任過主管，想必一定感受深刻。

離職原因大致分為自願離職與非自願離職兩種，自願離職的原因，包含的項目有個人生涯規劃、家庭因素、健康因素或者個人求學等多個原因。其中最常被勾選的離職原因大都是個人生涯規劃。非自願離職原因，則包含被資遣、犯罪或者違反公司相關規定。

☑員工最在意的，不一定只有薪資

本文主要探討自願離職原因，當主管收到員工離職申請書時，看到員工勾選離職原因時，主管心知肚明，員工填寫的離職原因是屬於真實，還是表面。

根據調查，員工離職真實原因排名：

- **第一名是跟主管個性不合。**
- **第二名是學習發展受限。**
- **第三名是薪酬因素。**

大多數企業主或者主管認為員工離職原因，薪資因素應該是第一名，事實上，對員工來說，不可否認的薪資的確很重要，但絕對不是排行第一。

員工內心的真正想法是主管的管理風格，員工是否打從心裡認同，日常工作是否受到主管認同與肯定，其次，公司發展與個人的職涯發展是否一致。

☑主管要了解員工真正需要的是什麼

某家位居竹科的高科技公司董事長提到，公司因為一次員工離職罷工事件，才讓公司高層好好思考，到底公司的優先次序是否正確。員工的真正需求為何？這家公司董事長開始調整自己的思維，改變作法，大約花了五年時間，重新找回員工對公司向心力。

方法其實很簡單，就是關心員工現階段真正需要，把員工需求擺在第一位。當員工的需要被滿足了，股東獲利也就達到。

他提到公司曾發生實際案例，有一次某位在外地出差的員工，小孩臨時生病，無人可以協助處理，這位員工內心焦急如焚，無法立即回家處理，當公司主管知道後，立刻安排同仁給于協助，一方面隨時更新最新消息給遠在外地出差的同仁，同時安排其他同仁協助買機票，讓這位在外地出差員工可以在最短的時間內，趕回小孩的身邊。

主管的小小舉動，讓這位同仁非常感動，也因為這位主管立即處理，讓其他同仁感受到公司對員工的照顧，不再是口號，而是化為行動。

一段期間之後，公司的離職率，慢慢開始調降。

☑真正照顧你的員工，平時就要關照

記得有一年與某企業主聊天，這家公司負責人說，我覺得我對員工很照顧，但不知道為何員工還是會離職？我跟他分享，大陸阿里巴巴創辦人馬雲先生有一句經典名句：「員工會離職，不是錢沒有給到位，不然就是心受委屈了。」

您需要思考您的員工，是錢沒有給到位，還是心受到委屈。也許只是員工認為自己很努力工作，但卻沒有得到主管的肯定。

大陸海底撈餐廳負責人張勇先生，面對員工離職的問題，則在公司增設一筆離職金，在員工離職當天，根據員工離職時職稱，提供不同金額離職金。原因很簡單，首先表達公司對於員工任職期間對公司的貢獻。第二公司完全理解員工可能因為受到外在因素影響，被同行挖角或者個人生涯規劃或者家庭因素，必須離開公司的決定。

其中對於被同行挖角，很多公司解讀大都認為是員工不夠意思，沒有一顆感恩的心，但張勇先生的看法卻不相同，員工可以自由選擇對自己最好的方式，員工經過思考後，認為自己選擇離開是最好的選擇，公司也會站在祝福的角度，希望員工有更好的職涯發展，不僅是打從心裡祝福，而且還加發一筆為數不少的離職金，表示公司感謝之意。

表面上看起來是公司吃虧，但事實證明，當員工到其他公司服務時，如果適應有些困難，總會想起前公司對他們的照顧，這時願意再回到原公司機率就非常高。特別是員工離開公司，看過外部世界，經過比較後，頓時發現外部世界沒有比原有的公司好，這時反而讓員工回巢之後，更加安定，大幅降低離職率。

員工如果是因為個人家庭因素必須離開，看到公司對待離職員工的態度，未來如果有機會再回到職場，肯定優先選擇老東家。沒有想到，離職金設計，竟然發揮如此大的效益。

員工會離職，肯定是個人的需求沒有被滿足，主管必須重視員工離職原因，主管除了平常跟員工保持多交流，讓員工有機會多方了解主管的管理風格，同時常常給員工認同與肯定，時時關心員工的發展，如遇到有好的升遷或培訓機會，優先推薦員工，讓員工感受到主管時時刻刻都是為自己著想。

如果員工比較在意的是薪資，主管可以運用績效獎金方式，鼓勵員工做得愈好，領得愈多。

關注離職原因，只有主管平常多關注，提前預防，才能避免員工離職原因與實際不同。

5-3 花錢做員工福利，為何員工無感？

聽到某企業主詢問，為何我們公司提供很多的福利，活動也很多元，而且每年花在員工福利方面投資金額也不少，為何員工都「無感」？仔細一算，其實我真的花了不少錢，我對員工一點也不小氣，到底要如何花錢才能讓員工有感？

我聽完總是莞爾一笑。

根據馬斯洛需求理論，分為生理、安全、社會、自尊與自我實現等五個階段。**每一位員工需求階段不同，需要福利項目當然也不同。**

☑ 年輕員工、資深員工，想要的福利不一樣

年輕的員工，處於基本生理與安全溫飽階段，最需要的是生存階段的薪資福利，滿足基本生活所需，安全則是提供員工勞動工作權保障。

資深員工則需要被社會認可、肯定、接納、成就、地位、名聲等社會與自尊階段，最高境界就是發揮自己的能力，實現夢想與自我實現階段。

年輕員工希望擁有更多的特別休假（年假），或者出國旅行等福利項目。

資深的員工，則希望運用在健康、保險與醫療保障等方面。

在公司福利項目有限的情況下，如何讓員工有感？**最好的方式之一，就是使用自選式福利，以員工需求為中心的福利設計，讓員工可以根據自己的需求進行選擇。**

中小企業可以在每年公司編列預算時，依照員工數量與年資編列福利預算，例如：年資屆滿半年時，可以申請多少福利金額，滿一年則可以申請多少金額，年資未滿三個月的同仁，可能就不提供。

平均每人福利預算總額約為台幣 10,000～20,000 元之間，具體金額依據公司薪資福利的比重進行估計。當年度公司預計新增員工人數，與現有員工總數，即可以做為年度福利預算的估算。

自選式福利的補助項目內容，可以包含旅遊、飯店住宿、機票、交通、培訓、保險、健康檢查、購書或者藝文票等。

員工可以根據自己現階段的需求，自行選擇，對員工來說，選擇權在自己，滿意度自然會提高，對於公司來說，預算編列也比較容易控制與執行。

☑有感福利，有時要滿足員工真實需要

台灣勞基法規定基本福利，例如工作年資滿半年提供給員工三天的年假，滿一年給七天特別休假、勞保與健保、提撥 6% 勞工退休金等基本法定福利之外。我認為對員工最有感的福利是在員工生日當天或者當月份，公司提供給員工一天生日假，當大家都還在上班時，員工可以在生日當天，運用公司額外提供一天生日假，享受自己的小確幸。

有感福利的關鍵，就是員工有實際需要，其他企業沒有提供這項福利，員工感受會更加地深刻。

如果公司沒有提供生日假的福利，主管可以採用准假方式，鼓勵員工生日當天，以個人特休名義，讓自己放個假，做做自己想做的事，我相信任何一位員工能被主管記得生日，內心深處，肯定感動萬分。

有些企業 CEO 會提到，我們公司訂單滿載，工作進度安排就已經很忙碌，沒有時間讓員工休假。愈是這樣的公司，更應該考慮讓員工在生日當天或者當月份選擇一天休假，員工感受才會特別強烈。

☑自選式福利，讓員工自行選擇

在華人三大重要節日，贈送端午與中秋禮盒，表達心意，已成為一種不成文的習俗，每家公司一定會編列福利預算，過去都是公司統一選購，員工卻不一定喜愛，反而私底下有很多聲音。這時就可以運用自選式福利的概念，請相關負責同仁，在重要節日前幾個月，提供三種不同類型但價格相似的禮盒，讓員工自行選擇。員工根據自己的需求，選擇自己喜歡的禮盒，不僅禮物送到心坎，大大提高員工對禮品滿意度，公司也能夠控制年節預算，皆大歡喜。

☑貼心服務，讓員工感動

如果公司有長期在外地工作員工，平時無法常常回家探望家人，這時公司可以提供額外宅配到府加值服務，協助員工表達內心感謝之意。從公司角度，只是多支付運費，但對員工來說，感動地是公司貼心服務，省去寄送的時間，而遠方收到禮盒的家人，也會對於公司照顧員工心意，感念在心，自然地對這家公司上班的小孩，感到安心。

台灣目前某些企業也會固定跟某些非營利組織合作，除了購買禮盒之外，也鼓勵員工把公司贈送的禮盒，轉贈給社會上其他需要的人，公司與員工攜手一起做公益，這些舉動都讓福利變得更有意義。

大陸的海底撈連鎖火鍋餐廳，也是貼心服務的代表企業，員工年齡層普遍都非常年輕，遠從異鄉到各大城市工作，平時餐廳工作忙碌，員工沒有太多時間去處理相關事宜，為了讓員工把時間花在專心服務客戶，公司在新員工入職時，就會讓員工勾選是否每月需要轉入部分薪資到家人帳戶，員工只要完成勾選動作，每個月薪資入帳時，公司就會自動幫員工完成匯款動作，省去員工費心處理轉帳時間。

現階段網路銀行提供定期轉帳服務非常方便，員工可以自行操作，但公司主動提出服務，對於員工來說，感受完全不同，公司只要在員工入職前，一次處理，員工也不需要額外花心思處理，並節省轉帳費用。

台灣大型企業也會跟電影院或者藝文公司合作，提供員工購買電影票與藝文票折扣服務，最常見是跟公司附近的商家或餐廳做特約商店，當員工戴著識別證到該餐廳用餐時，可以享有部分折扣或者加送小菜等。

有些公司也會跟固定銀行合作，提供買車與買房的免息貸款服務，運用公司名義，幫助員工節省相關費用，這些都是不需要花公司額外費用，就可以提供讓員工有感的福利。

只要用心，從員工的角度思考，思考員工真正的需要，公司提供固定金額，讓員工自由選擇與自行組合。就能讓公司花費相同福利費用，滿足不同的員工的需要，花一樣的錢，讓員工有感，錢花得才值得，企業想要提供有感福利，改變做法，立即就可以實現。

5-4 求職者薪資比現有同仁高時，要不要錄取？

主管在面試時，常常會遭遇一個問題，求職者學經歷都不錯，但薪資要求比內部同仁高，心中正在思考到底要不要錄取這位求職者？一旦錄取可能會造成內部反彈聲音，送到人資單位進行核薪的時候，也不一定能夠過關。如不錄取這位求職者，又發現公司人才水準有愈來愈下降的趨勢，主管陷入兩難的境界。

當主管面試時，遇到優秀求職者要求的薪資比內部同仁高時，心中總是多方考量，有些主管為了不破壞組織內部和諧氣氛，寧願選擇放棄，也不願意跟公司提出申請。有些主管從組織長遠發展角度著想，選擇跟公司爭取，也許有機會邀請這位優秀人才加入團隊。

☑薪資的外部公平：

主管為何會有此疑慮，原因在於薪資有三大公平，分別是外部公平、內部公平與個人公平。

公司在外部就業市場薪資是否具有競爭性，必須透過外部薪資調查報告，才能進一步了解，當主管發現員工流動率有比較高的傾向時，或者新人召募後報到率偏低時，可能是公司薪資水準相較於外部薪資有偏低的情況。

☑薪資的內部公平：

如果錄取這位員工，即表示可能會造成內部不公平。

公司內部薪資平衡性，也就是運用公司職等職級表的制定，確保公司同仁從事同樣的職務，在不同部門，不同入職時間，薪資都能維持一致性。

☑薪資的個人公平：

強調個人激勵性，透過績效考核，鼓勵員工多勞多得。績效愈好，領到獎金也就愈多。

通常公司會依照職務設計不同績效獎金、團隊獎金、公司營運獎金等。

☑利用事前協商，創造雙贏

以上個案的情況，我們需要先考慮這位求職者與公司目前願意提供薪資差異數是多少？如果薪資金額差距不多，也許可以跟求職者討論，入職前三個月，依照公司薪資規定，三個月後，如個人績效表現超出預期，公司將會把前面三個月薪資差額，補還給求職者。

績效表現如沒有達到原有預期，薪資將不會調整。

通常採用這樣方式與求職者溝通，大多數求職者都願意接受。原因在入職後三個月，雙方都在觀察期，對於主管來說，擔心求職者是面霸，面試技巧一流，實作能力卻有待評估，到職後如果無法完成，公司將支付比其他同仁更高的薪資，恐會造成更多內部不公平。

如果採用與求職者事先協商的作法，對公司來說，屬於進可攻，退可守的策略，主管只需要跟求職者訂好三個月績效考核目標，如果是對的人才，創造的績效，將超出原先期望。如果是跟原先預期有所差異的人才，原先公司支付薪資尚屬於可控範圍，也不會影響公司內部公平性。

如果求職者所要求的薪資與公司原先願意提供薪資差距較大，也許可以考慮調整職稱的方式處理，例如求職者原應徵職位是工程師，可以調整為資深工程師。但若公司內部有正確規範職務等級時，估計調整職稱的做法，比較難以實現。

站在人資立場，如果這位求職者，各方面任職條件，非常優秀，是公司極力想爭取的對象，首先會表明對求職者學經歷的欣賞之處，希望有機會邀請他加入團隊，一起創造精采故事，同時我也會表明公司目前的難處，公司願意提供薪資與目前提出的薪資存在的薪資差異數，不知道是否有機會雙方協商，共同討論一個雙方都能夠接受的薪資，以便跟公司爭取。

求職者一旦感受到面試官的誠意，也會仔細衡量是否願意接受，雙方才有機會合作。

兩者之間如依舊存有極大薪資差異數時，另一種常見處理方式，公司將會採用保障年薪方式跟求職者溝通，薪資總額拆分固定薪資與變動薪資，每月薪資按照公司現有薪資規定，不足的部分，保留到年底一起支付。若績效按原先規劃完成，明年度薪資將繼續維持，若績效不如預期，薪資將重談。

運用策略與求職者溝通薪資，創造雙贏的模式，公司也可以吸引優秀人才加入公司，另一方面也不需要擔心造成內部不公平。

人才是靠績效創造薪資，主管如果一直執著內部公平性問題，擔心擺不平現有的同仁，好人才永遠進不來，這才是公司最大的損失。

5-5 員工提出加薪的要求，我應該答應嗎？

員工提出加薪的要求，到底要不要給員工加薪？不給員工加薪，可能會面對員工離職，給員工加薪，又擔心造成內部不公平，導致會吵的小孩有糖吃，延伸更多管理問題，主管大多感到很困擾。

當員工提出加薪需求時，當下主管可能有幾種反應，第一種情況，這位員工可能已經是部門所有員工的薪資排行比較前面，能調整空間有限。第二種情況，這位員工績效表現一般，達不到加薪標準。第三種情況，這位員工表現真的很不錯，薪資也尚有調整空間，但如果幫這位員工加薪，是否其他員工也會依樣畫葫蘆，提出加薪要求。

☑主管要先了解薪資的分類

到底要不要加薪，不能單單只考慮加薪或者不加薪兩個選項，身為主管必須先對薪資有基本了解，薪資通常分為：

- **職位付薪**
- **績效付薪**
- **能力付薪**

共有三種。

職位付薪：根據員工職位的重要性，負責工作內容，承擔責任，提供一定的薪資。例如：專員與資深專員的薪資差異，可能是因為工作年資、經驗、學歷與工作內容差異，提供不同等級的薪資區間。同一個職位，但不同部門，薪資也會有所不同，例如：行政經理與研發經理兩個職務，以目前大多數企業薪資給付情況，研發經理薪資將會高於行政經理。

績效付薪：根據員工績效表現，提供績效獎金，獎金的範圍，有個人績效獎金，發放週期可能是季度或半年，還有團隊達標獎金、公司營運績效獎金。有些公司也會提供分紅或者利潤分享。

能力付薪：根據員工能力的高低，提供津貼，例如：證照津貼、技術津貼、專業級別晉升津貼、語文津貼等。

以上三者相加，將為員工年度薪資總額。

☑確認員工加薪要求的原因

如果員工提出要加薪，必須確認員工是基於哪一種情況申請要加薪。如果是職位工作內容增加或者職稱調整，則屬於是職位付薪。一般來說，每家公司針對全員的薪資，都會設計一張職等職級表，此表明確定義每一個職位的寬幅薪資，也就是該職位最高薪資與最低薪資，如果提出加薪的員工，目前的薪資屬於寬幅薪資低點，主管可以根據員工績效表現及工作內容重要性向人資單位提出申請加薪需求，加薪成功機率，通常比較高。

如果員工對於公司貢獻已經達到薪資高點，統稱為封頂薪資，估計主管能夠幫該員工申請加薪調整的機率不高。這是主管在跟員工溝通前，必須先對該員工目前情況與公司職等職級表的薪資區間進行通盤了解。

主管還可以如何做？

第一種情況，這位員工如屬於部門內所有員工薪資排名比較前面者，估計薪資能夠調整的空間有限，這時候，主管必須跟員工説明公司薪資制度以及目前薪資屬於高點，如果工作內容不調整或者職位沒有晉升，加薪申請恐怕有難度。如果想加薪，可以從績效或者提升能力方面進行努力，達到加薪目的。能力付薪的部分，則是鼓勵員工提升自己能力，考取相關證照，如果該員工已經是封頂薪資時，也必須明確告訴員工，目前的薪資，已達薪資上限，未來即使有年度調薪的機會，皆不會有所調整。

第二種情況，如果這位員工績效表現一般，達不到加薪標準。主管應該直接跟員工說明，如何改善績效，提高績效表現，才是目前的重點，績效表現的好壞，影響範圍不只是今年度的薪資，連帶地影響明年度是否有調薪機會。經主管說明後，員工有意願且願意改善，只是不知道方法，主管可以提供更多的具體指導，協助員工進行績效改善。

第三種情況，如果幫這位員工加薪，是否其他員工也會提出加薪要求？只要明確該工作內容與重要性與績效表現等諸多因素，通盤了解公司薪酬制度，心中那一把加薪的尺，就能輕易把握。

勇敢地跟員工說明，即使其他員工也有樣學樣，還是回到心中的那把尺，是否公平公正，而不是員工提出加薪申請就只能被動接受。

☑ 主管必須認真回覆加薪要求

加薪，這件事必須謹慎思考，員工既然提出需求，主管必須正式回應給員工，不能只是跟員工說加薪這件事，不是我可以決定的，把責任推給公司，反而應該是針對員工情況，適度提出建議，鼓勵員工運用工作績效表現，達到加薪的要求，績效表現佳，明年度晉升或者調薪，才會有機會。

加薪，也必須服眾，如果任何員工只要提出加薪的需求，主管都同意，公司的經營管理成本，只會愈來愈高，同時也會造成更多內部不公平，形成不良的企業文化。千萬不要誤認為其他員工不知情，或者您請提出申請加薪的員工，進行保密工作，但往往到了最後可能會發現部門內大多數同仁都知道，反而造成主管管理的難度。

5-6

公司是否每年一定要調薪？

企業主曾詢問，公司每年是否一定會調薪？如果不調薪，是否會存在違法問題？如果要調薪，調薪比例可以參考那些地方？

調薪對於員工來說，總是開心，但對於企業主，可能不一定持有相同看法，在台灣並沒有規定雇主每年一定要進行調薪。

當年度如果公司整體經營表現不錯，員工肯定有所期待，如果企業主不調薪，又沒有給員工合理的說法，如果又聽到市場消息，其他企業都有進行調薪，這時可能會面臨人才流失的問題。

如果當年度公司獲利情況良好，站在感謝員工付出的立場，調薪當然不是問題，但如果遇到景氣不佳時，調薪，就會變成公司沈重經營負擔，這是身為企業主感到兩難的地方。

☑ 調薪其實也有三種方向

調薪大約分為三種：

- **普調**
- **績效表現調薪**
- **晉升調薪**

第一種就是不論員工表現好壞，都會進行全員調薪，調薪的目的主要是反映當年度通貨膨脹，調幅會按照區域經濟成長率、產業成長率、當年度通貨膨脹指數做為當年度調幅的參考。以台灣地區來說，每年平均調幅大約3%～5%，大多數公司在每年年底編列預算時，人資同仁就會在人資圈發出調查，主要是想了解每家企業調幅情況，作為向公司申請調薪預算的參考。雖然公司有進行全面普調，但每年通貨膨脹成長幅度等與調幅度相距不多時，對於員工來說，實質薪資並沒有太多增長。

第二種就是根據績效表現好的員工，提供調薪的機會，讓表現優秀的員工，提高留任機率。

第三種就是職位晉升，不論是管理職晉升或者專業職晉升，都屬於這類調薪。

☑普調需要但無感，績效調薪更有效果

普調對於員工來說，主要是反映通膨指數，對員工來說並沒有太多感受。舉例來說，以往五十元台幣，可以買到一碗品質不錯的泡麵，現在則很困難，這就是通膨，讓錢愈變愈薄，所以即使公司有進行普調，員工就是無感。

真正對雙方都有效益的調薪，就屬於績效調薪，在公司調薪預算有限的情況下，如何將有限資源傾向於對於公司績效表現佳的員工，要做到公平，又達到激勵效果，考驗主管績效調薪分配的能力。

根據80－20法則，公司百分之八十的業績是由百分之二十的員工創造，在公司調薪資源有限的情況下，建議把資源傾向給績效表現好的員工，據員工績效表現與與調幅進行連動，假設這家公司績效分成四種等級，績效表現好的同仁，在整體績效調幅方面，比重應該最高。如表一：

如果該公司結合公司年度普調與績效調薪時，則績效A的員工總體調幅將為15%，績效D員工總體調幅為5%，兩者之間總體調幅，將有10%的差距。

表一

績效等級	績效定義	調幅
A	優良	7%-10%
B	良好	5%
C	合格	2%
D	須改善	不調薪

如表二。經過這樣調幅差異，才能鼓勵績效表現好持續保持良好績效，留住績效表現好的員工。

當公司資源有限時，把調薪總額，跟員工績效等級相結合時，鼓勵真正對公司有貢獻的員工，同時拉大差距，體現差異。

過去主管可能偏向的處理方式，是採用均分的方式處理，結果就會造成績效表現好的員工與其他員工的薪資調幅差距不大。表面上維持公平，實際上對於績效表現佳的員工卻是不公平作法，如果主管採用均分方式處理，就會造成內部員工不願意多付出，因為付出愈多的員工，最後得到的調幅與表現一般的員工調幅差距不大。

最後一種調薪是晉升調薪，而晉升調薪所指的是管理職晉升與專業職晉升，可惜的是每家公司管理職的職缺，非常有限，只有少數人可以獲得晉升調薪機會，如果沒有晉升，也不會調整薪資。另一種晉升

表二

績效等級	績效定義	普調調幅	績效調幅	總體調幅
A	優良	5%	10%	15%
B	良好	5%	5%	10%
C	合格	5%	2%	7%
D	須改善	5%	不調薪	5%

則是專業級別晉升，通常是公司會舉辦能力認證，確認員工專業技符合公司標準時，公司才會進行專業職晉升調薪。

雖然法令沒有規定企業主一定要調薪，但如果調薪，可以傾向對公司績效有實質貢獻的員工，對企業主來說，這筆錢就花的值得。當調幅與績效相結合，更會驅動員工努力爭取高績效，從無感變成有感。

5-7

有雇主品牌比較容易吸引人才嗎？

常常有CEO提到我們的公司不像大公司有高知名度，小公司找人很困難，比較不容易吸引人才，常常刊登求才訊息，久久都等不到好的履歷，雇主品牌是不是真的很重要？

首先所有大公司都是從小公司逐步成長，小公司不見得不容易吸引到人才，關鍵取決我們做了什麼事。

年輕世代求職習慣跟以往大不同，過去知名度高的大公司佔了絕對優勢，特別是日常消費品公司，例如：統一、全家、全聯等公司，每天都會出現在我們的周遭，大家對於品牌比較有感。

事實上，台灣有很多優質隱形冠軍企業隱身在台灣各個角落，論知名度，如果不是在相關產業工作的人才，可能不一定了解，論經營能力，一點也不輸給大公司，有些知名度高的公司，外表光鮮亮麗，但管理體制每況愈下，關鍵不在於公司知名度，而在於用心程度。

根據104人力銀行，2020年10月份發佈經營雇主品牌，可以提高招募成效，調查結論有以下四點：

1. 調查數據為80%負責人資招募人員，認為雇主品牌對人才招募有重大影響。

2. 如果雇主願意花時間管理公司網頁不定期更新資料，在IG或者FB上分享文化與工作環境的資訊，當企業品牌知名度愈高，求職者願意投履歷的人數高達69%。

3. 擁有強大的雇主品牌，每招募一位員工成本就可以節省50%。

4. 具有正面品牌的公司獲得主動投遞履歷數量是具有負面品牌公司的兩倍。

雇主品牌與人才吸引力、員工留任率，有極大的關係。

根據104人力銀行對於雇主品牌的定義，是從人才吸引力與人才留任力二個維度做為計算依據，前者為65%，後者為35%。當品牌觸及人數與互動人數愈高，代表品牌與人才互動率愈高。人才吸引力，簡單來說，就是企業在任何一家求職網站刊登的求職廣告，求職者願意主動投履歷應徵。

如果貴公司在就業市場知名度不高，建議可以從以下四種作法，進行思考。

☑調整外部求才網站的公司介紹

公司網站就是讓人才認識企業的第一印象，必須認真以待，內容包含公司企業文化、願景、使命、核心價值觀、經營理念、產品項目、得獎紀錄、辦公環境、培訓發展機會與福利制度等，特別是我們想成為哪一種公司的願景，我們的使命是企業要做些什麼，才能夠實現願景，我們要找那一種人才的核心價值觀。

當企業描述的愈清楚，愈容易吸引認同企業價值觀的人才。一開始如果不知道從何調整，建議選擇與貴公司行業相似的標竿企業，透過比較分析，就很容易知道企業與標竿企業的距離。

☑找出貴公司吸引人才的福利制度

每家公司想要吸引人才的特點不同，老字號公司，強調工作穩定，新創企業則強調提供給人才自由發揮的舞台。

舉例來說：如果貴公司是餐飲服務業，員工除了關心薪資福利之外，可能更關心周末假日，是否都一定要上班，是否有排班休假的機會，如果周六日固定要上班，可能會減少與家人相聚的時間，從而降低投遞履歷的意願。

如果企業提供排班的彈性，盡可能在刊登資訊公開，減少求職者疑慮。當公司提供給員工週六日，進行彈性排休機會，優於其他餐飲服務業者時，自然就比其他同行更容易吸引人才。

員工福利與培訓發展，這是年輕人最重視的地方。過去我曾經有機會與幾家企業CEO交流，他們提到我們公司都有提供政府規定的法定福利，例如依照薪資級距投保勞保、健保與勞工退休金提撥6％，提供員工特別休假等基本法定福利。公司有額外提供其他福利項目，例如優於勞基法特休制度，勞基法規定工作年資滿一年提供七天特休，他們公司提供滿一年給員工十天特休假，這就是優於勞基法福利。

只要優於勞基法，就應該公開宣揚。往往這些優於勞基法福利，也是人才願意求職的因素。

個人發展規劃與系統化培訓與學習機會，也是年輕人考量的重要因素，只要是人才，就會重視自己在這家企業的發展。

☑ 採用視覺方式吸引人才

公司如經常舉辦員工活動，公司網站附上活動照片，增加說服力，當求職者第一眼就看到足以吸引人才目光，大大提高人才主動應徵的意願。

年輕族群屬於視覺系，對於影片喜愛程度高於文字，因此企業使用 YouTube 拍攝公司介紹影片，讓求職者除了看到文字宣傳資訊之外，運用影片方式，快速了解這是一家什麼樣的企業，也是適合的方式。

☑真誠對待主動求職的人才

每一位願意主動應徵的人才，我們皆要以誠待人，不管求職者任職條件是不是公司想要的人才，只要是對方主動應徵，公司都應該主動回應，不管是使用電話或者郵件，都需要正式回覆，表示對人才的尊重，過程中讓人才感受到真誠，相信即使沒有錄取，也會讓人才對公司產生良好印象。

網路世界信息發佈快速，每位人才都有自己專屬人脈圈與影響圈，一旦人才感受佳，在與朋友聚會時，自然也會散播對這家企業的印象。

雇主品牌，不是靠行銷花錢打造出來的，而是讓人才真實感受到公司是有未來發展潛力的企業。小公司也許沒有太多行銷資源，但只要願意從以上幾點做起，一點一滴，靠口碑吸引人才，也許無法快速，但肯定能夠吸引認同公司理念好人才，願意加入公司。

5-8

企業文化真的很重要嗎？

常常有CEO詢問，企業文化到底是什麼？有些公司會在牆上貼標語，難道有標語，就代表企業文化嗎？企業文化到底是虛或者是實？對公司有哪些影響？

企業文化是一群人的生活方式，共同人生觀與價值觀，由公司創辦者與管理者、核心員工共同塑造而成，共分為精神文化、制度文化、行為文化與物質文化。

- **精神文化就企業願景、使命與核心價值觀。**
- **制度文化就是企業組織架構及管理制度，以及各項規章制度。**
- **行為文化指的企業主、管理階層、員工行為規範。**
- **物質文化就是企業標誌、象徵物、辦公環境、員工服裝、企業廣告、產品包裝設計等。**

☑企業願景與使命，其實大不同

但是企業願景與使命，常常會看到企業使用錯誤，估計是理解不正確，導致錯放位置，兩者之間，還是有些差異。簡單來說：

- **願景（Mission）就是我們想成為那一種的公司。**
- **使命（Vision）就是想要成為我們心中的公司，我們應該做什麼事。**
- **核心價值觀就是對內對外需要有那些共同準則與行為。**

對內所指的就是員工，對外就是客戶與合作供應商。

我也曾經看過有些企業先談使命（Vision），後談願景（Mission），我個人認為不一定正確，從字義上來看，企業必須先思考我們想成為哪一種公司，而要實現這個願景至少需要花3～5年的時間，才能實現。

使命（Vision），指的是要實現這個願景，應該具體要做那些事？

前者是宏觀角度思考，後者是微觀角度。兩者的定義並不相同。

當一家企業CEO，可以正確說出企業願景與使命時，代表CEO很清楚要把企業帶往何處，每天所做的決策也會依循那個方向進行。當主管與員工，也能正確說出企業願景與使命時，代表這家公司平時有落實企業文化，招募人才時，尋找符合企業核心價值觀的人才，就是深度企業文化應用。

每到一家企業，我喜歡去尋找這家企業在牆上張貼的企業願景、使命與核心價值觀，從開會過程，與CEO、主管或者同仁開會時，就可以感受到這家公司企業文化是高掛牆上口號，還是徹底執行落地。

如果沒有聽過這家公司，我也會到這家公司官網上閱讀，試圖了解這家企業的願景、使命與核心價值觀，光從字面就約略感受，腦海中也會開始想像，這會是一家什麼樣的企業。

☑ 如何檢驗企業文化？

一家公司企業文化執行程度如何，不是靠CEO自己說好，就代表好，而是企業內的員工的行為是否展現，員工是否真正的認同，有認同，行為才有轉化，這是最簡單的判斷。

檢驗一家公司企業文化最好的方式，就是說與做是否一致。這家企業員工具體行為，會傳遞這家公司企業文化。

有一次我到台中一頭牛燒肉餐廳用餐，跟麻葉餐飲集團魏幸怡執行長，談到企業文化，她娓娓道來，我們的願景（mission）就是我們想成為讓人眼睛一亮，心胸溫暖的餐飲品牌。我們的使命（Vision），我們想要感動顧客的心，觸動幸福的味蕾。核心價值觀就是我們真心相信，誠以待人，心以待客。我們的目標（Goal），則是我們要達成讓顧客帶著滿意的笑容離開。

說畢，這就是我到一頭牛餐廳用餐，真實的感受，這是她的經營企業的理念，希望帶給所有到一頭牛用餐客戶觸動味蕾幸福感受。魏姊本人也同樣給我這樣的感覺，她就是企業文化實踐者。

傳統餐飲服務業，普遍員工的教育程度不高，受限於服務時間，員工很難有機會到外部進修上課，而員工也比較不喜歡學習。為了要改善這個現象，她開始在餐廳下午時段舉辦讀書會，除了可以增加客戶對於公司品牌印象與服務之外，其實最重要就是讓員工可以在提供服務的同時，也有學習與成長的機會，從籌辦活動過程中，鍛鍊員工的工作能力。

同時不定期帶員工到偏鄉弱勢團體做關懷服務，讓員工有機會盡自己微小的力量，把溫暖帶給其他需要的人，有愛的員工，才能將感動服務帶給客戶。

員工是企業品牌守護神，這句話是我以前的老東家，常常說的話，特別是一個品牌公司，員工就是品牌代表，如果員工都不喜歡自己公司的產品，又有哪些理由可以消費者會喜歡貴公司產品。

以餐飲業來說，如果員工不喜歡自己家的產品，沒有吃過自家餐廳的菜單上的菜，不知道公司經營理念，又如何能夠在客戶詢問說，輕易說出口。

某一次活動現場，該活動的負責人，也是這家餐廳的店長，他在結尾致詞時，向與會來賓說，他本來工作只要做到月底，因為他有一個不錯的工作機會，他原本已經決定要離職，所以他就安排去環島，但沒有想到，公司所有同仁，大家一起為這個盛大活動而努力，大家也不因為他要離職而忽視他，突然之間，他覺得公司的團隊成員很可愛，公司CEO與主管都很信任他，他喜歡在這樣的企業文化的公司上班，最後他跟老婆商量，決定要留下來，跟團隊一起打拼。說畢，不僅現場來賓動容，就連公司CEO跟主管與所有夥伴，都感動到流下眼淚，這就是企業文化的力量。

有家知名連鎖餐廳，曾經把客戶常見100題，整理成FAQ，必須經過考試，同時教授員工應該如何回答，在客戶詢問時，立即回覆，解答客戶心中的疑惑。但是，培訓也許可以培養話術，員工因為熟練可以輕易背出來，口語上雖然回答客戶問題，但行為卻沒有展現，言語之中是否帶著真心，客戶卻可以明顯地感受。

外部辦公環境擺設，企業文宣製作等物質文化，只是其一，同時必須在制度方面也與企業文化一致性，才能把精神文化真正落實在員工的行為中。主管是員工行為的塑造者，形塑員工行為，必須先從CEO做起，唯有真正重視企業文化的經營者，企業才能永續發展。

一年的企業靠運氣，十年企業靠經營，百年企業靠文化，只有企業文化，才能留住認同企業的人才。